Ed. Buveau del. 1867.   Turin Lith Doyen f⁽ᶜ⁾

Criblage des minerais en Sardaigne — Méthode Sarde. — Echelle de. 1/20.

NOTICE

SUR LES MINES DE L'ILE DE SARDAIGNE

Pour l'explication de la collection 

des Minerais envoyés à l'Exposition Universelle de Paris pour 1867

PAR

LÉON GOÜIN

INGÉNIEUR CIVIL DES MINES

CHEVALIER DE L'ORDRE

DES SAINTS MAURICE ET LAZARE

CAGLIARI

IMPRIMERIE DE A. TIMON

La S. Commission de Cagliari pour l'exposition universelle de 1867, dont je fais partie, m'ayant chargé de la section des mines; je me suis trouvé dans un grand embarras pour pouvoir arriver à réunir les matériaux nécessaires à un semblable travail.

D'abord l'Italie ne s'est décidée que fort tard à envoyer à Paris, puis tous les directeurs de mines se trouvaient absents de l'île par suite de la suspension presque totale des travaux pendant la saison d'Eté, en ajoutant à cela les embarras causés par la guerre, on comprendra facilement qu'il était impossible d'obtenir un résultat sérieux.

Parler d'exposition universelle à un pays écrasé par les impôts, ruiné par le manque des récoltes, n'ayant que peu de temps pour répondre à l'appel qui lui est fait et qui en somme ne peut présenter que des produits naturels et fort peu provenant de son industrie, est un travail inutile, d'autant plus que l'on ne comprend pas la nécessité des expositions lorsqu'on n'en attend pas un avantage direct.

Une exposition de minerais est chose fort froide et ne prouvant pas grand chose, de très beaux échantillons peuvent provenir d'une fort mauvaise mine et il y a peu d'individus qui attachent de l'importance à ces sortes d'exhibitions.

Lors de la dernière exposition universelle de Londres, nous avions fait peu, il est vrai, mais au moins nous étions représentés.

Voyant dans les circonstances présentes qu'il y avait peu à espérer de nos exploitants, j'ai essayé d'y suppléer le moins mal possible, en faisant une collection à peu près générale de nos minerais, de quelques roches qui les accompagnent, et en donnant des renseignements tirés de publications partielles que j'ai faites en 1860 etc. et surtout en suivant les traces de Monsieur le chevalier Marchese, ingénieur de notre district et notre représentant à l'exposition de Londres.

Mon but n'a donc rien de scientifique, ce sont de simples renseignements sur notre industrie que je présente, renseignements qu'il m'est assez facile de donner ayant pour ainsi dire vu naître les mines de cette localité, et trouvant près de mes collègues tous les détails et chiffres qui me manquent. Je cherche surtout a faire voir la marche rapide de la production et à expliquer les conditions de cette île, trop décriée par les étrangers, peut être trop vantée par les siens, mais qui présente des richesses incontestables et pour s'en assurer il n'y a qu'à jeter les yeux sur les statistiques.

Dans ce travail il y a aussi de ma part un sentiment de reconnaissance pour ce pays si facile à ceux qui veulent le comprendre et je serais fort heureux, si cette simple notice, pouvait lui être de quelque utilité, malgré cela je me considérerais encore comme son débiteur.

CHAPITRE PREMIER

CONSIDÉRATIONS GÉNÉRALES

SE RAPPORTANT À L'INDUSTRIE DES MINES

La Sardaigne par sa position géographique, la bonté de quelques unes de ses rades et sa richesse en métaux, attira l'attention des peuples les plus anciens et chaque époque y a envoyé ses représentants, depuis l'ere de la pierre jusqu' à nos jours.

Deux mots sont nécessaires sur les conditions spéciales de ce pays, son passé, les lois qui l'ont regi, pour se rendre compte des diverses péripéties par les quelles l'industrie des mines a dû passer, malgrè une richesse incontestable et une renommée historique sous ce rapport, et surtout pour comprendre le rapide développement qui depuis quelques années a eu lieu.

Par sa situation au milieu de la Méditérranée, sa réputation de fertilité, on est étonné que cette île soit presque tombée dans l'oubli le siècle dernier, et qu' il ait fallu tout le courage et la science du général Albert de Lamarmora, pour la faire revivre.

Cependant les phéniciens, les carthaginois et les romains, en avaient tiré un grand parti, mais le moyen âge lui fut fatal et si parmi ses divers dominateurs, les pisans firent quelque chose pour elle, les espagnols pendant un séjour de près de 400 ans ne surent qu'en faire le pays le plus ignoré de la terre et le plus impraticable.

Les carthaginois occupèrent surtout le littoral Ouest, les caps extrèmes ainsi que les parties fertiles, le coté, Est fut peu frequenté par eux ainsi que le centre. Cette colonie devait être importante à en juger par les restes de leur passage que l'on trouve sur plusieurs points. Leur présence est signalée dans les anciennes exploitations, et surtout dans les gisements présentant un certain intéret sous le rapport de l'argent; j'ai en ma possession des lampes, des monnaies, des outils que j'ai trouvés à des profondeurs assez considérables.

Les romains qui leur succédèrent, ou qui pour mieux dire les chassèrent, me semblent avoir consideré dans les principes, plûtot la Sardaigne au point de vue stratégique, en raison de leurs guerres avec Carthage, que comme colonie; et que par la suite, si ils s'étendirent en dehors des points enlevés aux carthaginois ce fut surtout dans le but d'avoir un lieu de déportation et pour exploiter les mines.

L'itinéraire d'Antonin parle de 50 villes « *civitas* » de trois municipes, ce qui comporterait une population considérable et bien supériéure à l'actuelle qui est à peine de 600000 âmes.

Les ruines sont fréquentes et importantes: les romains dans leurs tombeaux se sont superposés aux carthaginois, ce qui rend les fouilles très intéressantes, mais malgré la certitude ou l'on est de l'importance de cette colonie, il faut remarquer que l'intérieur de l'île a été peu occupé et que les centres de population étaient surtout concentrés dans les districts miniers ; en outre il n'y a point de ces grands travaux qui indiquent un établissement définitif et vraiment agricole, et les acqueducs sont rares.

Quoiqu' il en soit de *cette opinion particulière* et fort en désaccord avec tout ce qui a été dit jusqu' à ce jour, il est un fait constant, c'est que principalement sous l'empire romain il y a eu non seulement des exploitations considérables, mais encore des fonderies, le tout entrepris au nom du peuple romain, ou pour mieux dire, des empereurs, par des esclaves ou bronzes.

Les documents retrouvés sur cette époque sont rares, mais quelques uns sont décisifs et il suffit de visiter les anciens travaux et les dépôts de scories pour se convaincre de ce que j'avance.

Cette ère de prospérité dura peu, et depuis lors, pendant tout le moyen âge il n'y a rien de bien particulier à noter, seulement destruction de ce qui existait et dépopulation. Les pisans et les espagnols s'occupèrent des mines, mais ces derniers laissèrent le pays sans une route et en firent une localité presque sauvage. Les guerres intestines, la destruction des voies de communication, les épidémies, empêchèrent la population de se relever et elle reste stationnaire depuis longtemps.

CLIMAT

Le climat de l'île est actuellement la véritable et seule grande difficulté qui s'oppose au développement de la population et de l'industrie.

Les fièvres règnent près de 5 mois de l'année, de fin juin à fin octobre, non seulement les étrangers éprouvent des difficultés à s'acclimater, mais les sardes mêmes, ne quittent pas impunément les localités ou ils sont habitués. Les mines souffrent beaucoup de cet état de chose et on est obligé en Eté de suspendre presque complètement les travaux, ce qui est fort nuisible à leur bonne marche. Les nombreux étangs qui couvrent les plaines, étangs saumatres, les cordons littoraux, peu ou point de courants d'eau continuels, des torrents partout, les sécheresses de l'Eté et les grandes pluies d'Automne et de Printemps, qui restent en dépôts sur le terrain qui est fort argileux, sont les causes qui amènent périodiquement le retour de la mal'aria, et comme le sol est généralement en friche rien ne vient contrebalancer ces conditions locales et spéciales.

Dans les premiers temps de l'exploitation des mines, la mortalité parmi les étrangers était éffrayante, mais depuis qu'il y a quelques routes, que les établissements soignent leurs hommes, les cas de mort sont peu fréquents, lorsque l'on ne travaille pas dans la période critique. Les fièvres prises à temps sont rarement mortelles et on les coupe facilement, c'est ce qui explique grace aux précautions employées, un état sanitaire presque normal. Du reste toutes les années ne se ressemblent pas, il y en a ou la maladie sévit très fort et d'autres ou elle est peu de chose.

J'ai créé plusieurs grandes exploitations, et j'ai pu constater, sur des données certaines, puisqu'elles me proviennent de nos hôpitaux spèciaux; que chaque année, avec le développement des constructions, l'augmentation du bien etre, les cas de maladies deviennent de plus en plus rares, considérant non seulement la période de novembre en juin mais encore celle de juillet à fin octobre.

Il y a donc à espérer pour l'avenir des résultats meilleurs, mais je doute fort qu'on se débarrasse jamais complètement de cette triste maladie, il y aurait trop de travaux à faire, en admettant que cela seul suffise à assainir le pays.

Le climat en Eté est chaud et. fatiguant, non que la température s'élève beaucoup, elle reste stationnaire à 30° et 33° centigrades, rarement elle arrive plus haut; mais la chaleur se fait sentir depuis Mai jusqu'en Novembre et il règne des vents d'Est et du Sud très énervants.

L'hiver est pluvieux généralement, en automne, en Mars et Avril; mais il fait rarement froid, et en dehors des vents qui dominent assez fréquemment on ne peut désirer un plus beau climat, je parle ici du cap Sud ou se trouvent en grande partie les exploitations.

L'état de la propriété et les tristes gouvernements qui ont possedé la Sardaigne ont été aussi des causes bien fortes pour retarder son développement, aussi lorsqu'elle échue en partage au Piémont il n'existait rien, ni routes, ni mines, ces dernières étaient presque tombées dans l'oubli.

DE L'ADMINISTRATION ET DES LOIS SUR LES MINES

Le nouveau gouvernement fit d'abord fort peu de choses en général et s'il s'occupa des mines ce fut pour en prendre le monopole.

La seule mine de Monteponi était à peu près exploitée par lui. Il y a 70 on 80 ans on concéda toutes les mines à une societé juive représentée par un certain Mandel, mais avec de telles conditions et de telles exigences religieuses, que cette vaste concession n'a pu donner que de minces résultats, on fondit cependant un peu de minerai du filon de

Montévecchio mélangé a celui de Montéponi, à Villacidro. La loi sur les mines de 1840, loi assez semblable à la française, ouvrit enfin la Sardaigne à l'industrie, mais elle donnait encore un peu trop de latitude aux propriétaires ou soit disant propriétaires du sol. La loi du 29 novembre 1859, en reconnaissant aux propriétaires un droit presque illusoire sur le sous sol, augmenta par celà même considérablement le nombre des demandes pour recherches de mines, et tous ces détenteurs de permis firent si bien qu'ils attirèrent une foule de société et que la production augmenta très rapidement.

Pendant ce laps de temps on fit quelques routes, et les habitants des campagnes s'habituèrent aux étrangers, des spéculations qui étaient impossibles en 1853 le furent quelques années plus tard.

Si l'état fit peu de chose matériellement pour aider l'industrie, il fit considérablement par la liberté qu'il laissa à tout le monde; les facilités et la complaisance que l'on trouvait dans les bureaux, dans les ministères, étaient grandes, aussi l'administration n'était pas une entrave, comme dans certains pays, et si elle ne faisait pas grand chose pour les industriels elle les laissait du moins agir.

Ces facilités ont eu pour résultat de faire tomber dans le domaine public toutes les portions de territoire ou l'on suppose exister des mines et je doute qu'il y ait actuellement un coin de l'île ou l'on puisse demander un permis.

Tous ces permis ne sont évidemment pas en exploitation, mais leurs propriétaires s'entendent très bien à trouver le capitaliste nécessaire à leur exploitation et c'est une recherche ou ils excèllent.

Si le gouvernement Italien persévère dans cette marche, et il est à craindre que non, car l'esprit bureaucratique commence a naître aussi de ce côté, la Sardaigne sera sous peu un des premiers centres de production minérale.

Il faut espérer aussi qu'il n'y aura pas de changements dans la loi et surtout dans son application, car l'Italie a sous les yeux le triste exemple de la Sicile, des provinces du midi et du centre, régies par des lois différentes et qu'on parle de nous appliquer. Dans ces pays le proprietaire est maître du sol et du sous sol aussi on n'exploite pas, ou déplorablement.

L'industrie particulière livrée à elle même et presque dépouillée des entraves administratives, a fait à elle seule pour le pays, au milieu de difficultés sérieuses, plus que n'ont fait tous les gouvernements qui se sont succedés jusqu'à ce jour, et l'on peut prévoir un avenir de prospérité pour cette ile qui sans cette industrie serait dans les conditions présentes, réduite à une grande misère.

ÉTAT DE LA PROPRIETÉ ACTUELLEMENT ET DES FORÊTS.

Lors du rachat des fiefs en 1848, la proprieté était fort incertaine et s'approchait du communisme. Le domaine s'étant mis au lieu et place des seigneurs, presque toutes les forêts sont tombées dans ses mains mais grevées de differents droits, appelés *ademprivi*.

Les bois de constructions et pour travaux de mines étaient concèdés jadis par le domaine, auquel je ne pourrai étendre les éloges que je faisais de l'administration en général, mais depuis deux ans environ il cherche de céder aux communes la moitié de ses terrains et l'autre partie à une societé qui a commencé, mais non continué, un chemin de fer ; de telle sorte que tout est en suspend et qu'il devient fort difficile de se procurer des bois, au moins pour l'instant.

Les propriétés particulières sont basées, soit sur d'anciens titres, soit sur l'occupation, plus ou moins prouvée, ou bien encore pour avoir enclos une étendue quelconque de terrains. En somme la propriété en général est fort mal définie et il ne serait pas toujours très prudent d'en rechercher les titres.

Le paturage errant domine sur le tout, aussi dans les villages ceux qui ont quelque chose, ont intérêt à ce que les communes conservent leurs immenses propriétés, et leurs bandes de troupaux sont d'un sérieux empèchement à qui veut défricher.

Un cadastre existe cependant mais il est un peu dans le vague; cette incertitude sur le vrai propriétaire entrainait souvent de grandes difficultés pour l'obtention des permis de recherches, non seulement à cause de l'ignorance ou l'on était sur les vrais possesseurs du sol mais encore à cause de leurs prétentions exagérées; la loi de 1859 mit ordre à cela.

D'autre part le domaine étant proprietaire de 400,000 hectares situés dans les montagnes, les communes étant riches aussi à l'exagération en terrains, on a eu moins fréquemment à faire aux individus et partant il y a eu peu d'oppositions aux demandes de recherches.

Quant aux indemnités de terrain elles sont assez insignifiantes en général et on peut dire presque nulles, les montagnes sont stériles et si elles rapportent quelques centimes l'hectare c'est déjà beaucoup.

La Sardaigne était riche en bois de chène, chène vert, *quercus ilex*, chène blanc, *quercus robur*, liège *quercus suber*, et philleréa, mais on en a fait une destruction tellement inintelligente que ces ressources sont fort amoindries et le prix du bois devient élevé.

Il faut attendre la nouvelle division du domaine et la vente des biens communaux avant de penser à pouvoir établir dans certaines localités des fonderies avec le combustible indigène.

Il y a beaucoup de broussailles, *macchie*, qui sont d'un assez grand secours pour le chauffage des hommes et même des machines fixes et j'en ai obtenu de bons résultats, surtout dans les mines de l'intérieur ou grâce à l'absence de routes le combustible minéral revient trop cher.

PRODUCTION AGRICOLE

Quant à la fertilité du sol en général, ou du moins à sa production, grâce à un climat très inconstant, aux brouillards, à la sécheresse etc. etc. les récoltes sont fort ordinaires et on peut dire en général que les terrains sont médiocres et qu'une bonne partie de l'île est d'autant moins cultivable que les capitaux manquent et que l'air empèche les colons de s'y fixer ; ensuite, grâce à l'absence de routes communales il est inutile de travailler puisqu'on ne peut transporter les produits. Une population *indigène* plus nombreuse trouverait cependant très facilement à vivre.

Ceux qui ont écrit sur la Sardaigne, ont écrit à l'envi que c'était une terre promise, que Rome en faisait son grenier, je crains que les textes aient été mal interprétés et que tous ceux qui ont traité ce sujet se soient copiés, mais pour sûr ils n'ont jamais consulté les propriétaires avant de faire toutes ces relations qui nous font si riches ; j'engage du reste, puisque cela sort de mon cadre, à consulter à cet égard l'ouvrage de M.^r le Comte Vesme.

On ne peut reprocher aux sardes de ne pas cultiver, bien ou mal. Tout terrain fertile, ou à peu près, est ex-

ploité, et il n'y a qu'une chose qui m'étonne, c'est l'é-
tendue des terrains défrichés en présence d'une si faible
population.

Aussi le pays est suffisamment approvisionné et les
denrées de première nécessité se trouvent à des prix
passables lorsque même les récoltes sont médiocres. Sous
ce rapport les mines ont une alimentation très suffisante,
et n'ont recours au continent que pour les farines de po-
lenta (maïs) le riz, les fromages.

CHAPITRE II.

Ainsi que je le disais, on trouve encore quelques ar-bres dans les districts miniers; un cadre pour galerie en chêne vert revient dans le centre de Montevecchio de 10 a 12^f, (deux jambes et un chapeau). Les environs d'I-glesias sont plus fortunés et ont des bois de chêne à 30 et 40^f le mètre cube, au lieu de 60^f à 70^f comme plus haut. Ces bois sont d'un excellent usage pour les mines. Les bois blancs viennent du Nord et coutent moins cher qu'en France. Le chêne blanc n'existe que de nom pour nous autres.

A l'exception de quelques localités, les mines ont peu à compter sur les charbons de bois fabriqués dans le pays et grâce aux difficultés des communications, il convient mieux les transporter à l'étranger; la Corse et la France en consomment environ 25000 tonnes par an à raison de 45^f la tonne rendue à la plage.

B

Leur prix à l'usine de Domusnovas est d'environ 4^f, 20^c les 100^k.

Le charbon pour les forges, fait avec des racines de bruyères revient de 4 à 6^f les 100^k, mais on tend tous les jours à lui substituer la houille, qui prise dans les ports de l'île coute de 46 à 48^f la tonne.

Le district d'Iglèsias a du lignite qui avec les transports revient aux mines voisines à environ 20^f la tonne, mais jusqu'à présent la production et la consommation ont été très faibles; s'il existait une route littorale il en serait tout autrement.

Les mines éloignées du bord de la mer se servent très avantageusement pour leurs machines fixes, de broussailles, ou *macchie*, une machine de 12 chevaux dépense de 8 à 10^f par jour (mines d'Ingurtosu). Ce combustible a de grands avantages et avec des affouages bien entendus, on peut se passer du charbon étranger. Le peu d'usines que nous avons étant dans l'intérieur, et pour des raisons particulières, préfèrent employer le coke de France pour leurs fours à manche et tous les jours on consomme de moins en moins le charbon de bois.

L'établissement de fonderies, soit de plomb, soit de fer est encore très possible à Cagliari ou à Carloforte, car les charbons de bois pourraient se trouver encore en grandes quantités sur les côtes et arriver à bon marché dans ces localités, de 45 à 50^f la tonne, et on aurait en outre la ressource des charbons de terre étrangers; quant'à s'établir dans l'intérieur il n'y aurait nulle convenance.

Une seule mine, celle de St. Léon, a des locomotives, elle se sert d'agglomérés qui viennent de France.

Les lignites de Gonnesa auront certainement dans l'avenir des débouchés importants; ils sont d'assez bonne qualité, mais quant à présent on peut en parler, mais seulement comme mémoire, malgré une faible production.

COURS D'EAU

La question de l'eau est généralement fort grave en Sardaigne et il y a peu de mines qui en ait suffisamment pour leurs laveries, si on en excèpte une ou deux comme Ingurtosu; il y en a d'autres qui en sont complètement dépourvues et qui doivent transporter leurs minerais à une certaine distance pour les préparer.

Comme force motrice il n'y a que Flumini Maggiore, Domusnovas et Villacidro ou on puisse l'utiliser, mais encore à condition que les pluies soient régulières; on peut donc dire en maxima qu'il ne faut nullement compter sur cette ressource et qu'il faut avoir recours aux machines à vapeur. Sur les points que nous venons de nommer on utilise les cours d'eau pour les fonderies de scories anciennes et nos prédécesseurs y transportaient tous leurs minerais, de même qu'à Villamassargia.

Cette absence d'eau est un avantage pour les exploitations, car dans les calcaires et aux profondeurs actuelles, les mines sont complètement sèches, dans les schistes il y a un peu d'eau mais comme on n'est pas pour le moment arrivé au dessous du niveau des vallées, cette difficulté n'existe pas encore pour nous.

MAIN D'OEUVRE

Pendant huit mois de l'année, du 15 octobre au 15 juin, outre les ouvriers du pays, on a à sa disposition

autant d'hommes qu'on peut en désirer. Ce sont en général des bergamasques, des piémontais et les habitants
des montagnes de l'Italie.

Le bergamasque est bon manoeuvre, médiocre mineur,
soumis et très sobre.

Le piémontais est en général excellent mineur, tra-
vailleur infatigable, courageux et intelligent, mais il veut
gagner beaucoup et est loin d'être sobre.

Le sarde commence à se faire mineur dans certains
districts, Iglesias, Guspini, mais il est inférieur en forces
et en capacités aux précèdents, de plus il quitte difficilement son village et est un peu trop porté à célèbrer toutes
les fêtes du calendrier, sobre du reste et assez soumis.
Pour la saison d'été il présente une ressource et le
nombre de ces mineurs tend à augmenter tous les jours. La
proportion des mineurs sardes employés en hiver n'est pas
tout à fait d'un tiers, du reste s'ils travaillent moins que
les étrangers ils sont moins payés.

Comme manoeuvres et pour les laveries les habitants
du pays sont presque employés exclusivement, surtout les
femmes et les enfants. Le sarde réussit généralement bien
aux travaux qui ne demandent pas une grande force ni une
grande assiduité et lorsqu'on les prend jeunes on a beaucoup à espérer de leur intelligence. Ils surveillent assez
bien les fours, sont bons pour les préparations mécaniques
et donnent par conséquent aux mines un élément précieux,
car il serait fort couteux de faire venir des étrangers pour
ces usages. Ils sont en outre très adaptés aux transports,
surtout avec l'ancien char, et ils ont le talent de passer dans
des endroits ou il est difficile de mettre le pied. Grâce aux
peu de besoins de ces hommes, on les a facilement sur
tous les points on l'on tente une exploitation; une baraque
en branchage leur suffit en hiver, la voute du ciel en été.

Les prix accordés aux ouvriers sont assez variables et pour en donner une idée exacte je présente comme exemple, au chapitre spécial des mines, la main d'oeuvre pour chaque mine importante, ainsi que pour les salines et ce pour la campagne 1865-1866. Chaque établissement ayant des systèmes différents, des roches plus ou moins dures et des ouvriers de différentes localités, il est assez difficile de donner une moyenne exacte surtout pour les mineurs, et c'est pour cela que j'aime mieux présenter des exemples spéciaux, en prenant pour types les mines qui représentent plus particulièrement chaque groupe.

On peut dire en à peu près que le mineur sarde gagne de 2 à 3^f par jour, le mineur étranger de 2^f, 50 à 4 et 5^f à l'entreprise. Les hommes des métiers spéciaux de 2^f, 50 à 3^f, 50, les manoeuvres 2^f, les femmes sardes jusqu' à 1^f, 25, les enfants 0^f, 60.

Cette année grâce à la grande misère et à l'abondance des ouvriers on fait des prix assez bas. En résumé on peut avoir en hiver un nombre aussi considérable de mineurs, ouvriers spéciaux et manoeuvres qu'on peut en désirer, sans embarras, sans frais, car ils viennent d'eux mêmes, c'est une véritable émigration.

Vers la fin de juin la plus grande partie des continentaux retourne au pays, mais il en reste toujours quelques uns et les sardes prennent le dessus; du reste, pendant les quatre mois d'été les préparations mécaniques continuent à marcher, les transports et les embarquements se font à grande force ce qui diminue un peu le tort que cette suspension partielle nous occasionne.

SÛRETÉ INDIVIDUELLE

Sous ce rapport quoiqu'on en ait dit et quoiqu'en disent les provinces de terre ferme, la Sardaigne est le pays ou l'on jouit de la plus grande tranquilité et de la plus grande sureté personnelle, cependant il y a à peine 600 gendarmes actifs dans toute l'île, ayant à garder des extensions considérables presque inhabitées, puisqu'il n'y a environ que 24 habitants par kilomètres carrés.

Il y a comme partout de mauvaises gens, et le gouvernement s'empresse de les augmenter en faisant de notre pays un lieu de déportation pour ses camorristes, brigands, ou autres; malgré cela on n'a jamais dévalisé une voiture publique, et chose plus curieuse, on n'a jamais volé les fonds que l'on envoie aux mines quoique l'argent soit expédié par sommes de 30 à 40,000ᶠ à la fois, par un homme à cheval (cavallante) un sarde, lequel a généralement à traverser des forêts, des *macchie* et des distances considérables complètement désertes. Que l'on me cite de pareils faits n'importe où et après on pourra accuser ce pays d'être dangereux.

Il y a des vengeances particulières, mais elles se passent entre sardes. et sardes et rarement elles s'étendent aux étrangers; deux ou trois directeurs de mines ont eu quelques désagréments mais ce sont les seuls faits à ma connaissance depuis 1853, quoique nous nous trouvions souvent dans l'impossibilité absolue de ne pas froisser quelques intérêts particuliers et que la justice soit d'un aide fort relatif pour régler les différents entre les individus.

En somme on trouve ici une sureté égale à celle du pays le plus policé et avec très peu d'éléments de répression.

DES ROUTES, PORTS D'EMBARQUEMENTS ET TRANSPORTS

Les mines de Sardaigne se subdivisent ·en plusieurs groupes ou districts.

1° Celui d'Iglesias dont *(actuellement)* tous les minerais sont trasportés, à l'exception de ceux de Montevecchio, aux plages de *Portoscuso, Fontanamare, Masua, Canale Grande, Domestica, Buggero, San Nicolò* et *Piscinas*, côte ouest de l'île, pour de là être embarqués sur des barques de 10 à 15 tonnes pour l'île de Saint Pierre, port de Carloforte, où il y a un bon mouillage abordable toute l'année.

2° Le district de Cagliari, qui embarque à Cagliari, les minerais de Montevecchio, les plombs de Domusnovas et quelques minerais de cette localité, et il y a peu de temps les plombs de Villacidro. Et dans le golfe, à la Maddalena, les minerais de Saint Léon.

3° Le Sarrabus, qui embarque aux bouches du Flumendosa.

4° Lula, à Orosei; ces deux plages sont sur la côte est.

5° La Nurra, mine de l'Argentiera, au cap de ce nom, et par barque jusqu'à Porto Conti, côte ouest.

Ces districts sont inégalement partagés sous le rapport des routes, car de Cagliari part une route carrossable qui passe à Villacidro, Guspini et touche à Montevecchio, une autre se rend aussi à Domusnovas, Iglesias, Fontanamare et Portoscuso.

La route du Sarrabus à Cagliari va être construite, quant à celle de Lula à Orosei on n'en parle pas encore,

pas plus que de celle de la Nurra à Sassari. Il y a en outre une route dite centrale et un réseau en construction, mais non terminé, qui ne rendent que des services indirects aux mines.

Il existe peu ou point de routes communales, ce qui diminue de beaucoup l'importance des lignes principales et le littoral de la Sardaigne n'a même pas de sentiers. Il s'ensuit que les mines qui ne sont pas situées sur le parcours des chemins du gouvernement doivent penser elles mêmes à se relier à la mer, ce qu'elles ont fait en général et en proportions considerables vu leur importance; soit au moyen de routes carrossables, soit au moyen de routes charretières, soit même par chemin de fer. Mais on peut dire que c'est à ce point de vue que l'aide des provinces a completement fait défaut, car le district d'Iglesias si riche en mines n'a pas encore fait le moindre chemin communal pour relier les différents villages au chef-lieu.

Pour bien se rendre compte de la question des transports, question vitale, et devant laquelle viennent échouer. bien des entreprises, il faut prendre pour type certaines mines dans différentes localités et savoir ce qui a été fait pour en améliorer les prix. Je regrette de dire que sur les routes carrossables et les routes charretières praticables, les prix sont peu différents tant qu'on se sert des chars du pays, et cependant quoique, maintenant, ont ait créé des entreprises de transports, je ne crois pas qu'on ait trouvè la vraie solution et ce pour une simple raison, c'est que le temps n'est pas argent pour le paysan sarde et qu'il se trouve très heureux de gagner, lui son char et ses boeufs, 5 francs par jour lorsqu'il n'a rien à faire à ses champs et s'inquiète fort peu de l'état des chemins et du temps qu'il perd, mais en somme il transporte à meilleur marché que les entrepreneurs. Ce genre de transport est irrégulier, puisqu'il se fait en raison inverse des besoins agricoles; et cependant actuellement, dans le district d'Iglesias c'est le meilleur, le moins cher et celui qui donne le moins d'embarras. Une fois qu'une mine est établie et qu'elle a du minerai, si les chemins ne sont pas défoncés on a toujours des chars.

La question importante, et cela on l'oublie trop souvent, n'est pas de transporter les minerais à la plage, ce qui est toujours possible, mais de les transporter à bord des navires, là il y a une question d'intérêt d'argent qui prime tout et à tel point que les mines des environs d'Iglesias qui sont à deux pas de la mer, vont sous peu porter leurs minerais à Cagliari.

Nos ports d'embarquements sont pour le district d'Iglesias, Carloforte. « île *Saint Pierre* ». Toutes les mines d'Iglesias et d'Arbus, dont je fais un seul groupe à cet égard, sont obligées de charger sur des barques de 10 a 15 tonnes qui se rendent à Carloforte, mettent en magasin et delà à bord.

Or la plage ouest est loin d'être bonne, que l'on prenne Portoscuso, Fontanamare, Masua, Canale Grande, Domestica, Buggero, Capo pecora, Piscinas, lieux d'embarquement des mines de San Giovanni, Monteponi et voisines, Masua, Canale Grande, Acquaresa, Malfidano, mines et fonderie de Flumini, plus Gennamari, Crabulazzu et Ingurtosu. On est quelque fois des mois entiers sans pouvoir expédier et il arrive souvent d'avoir les magasins de la mer pleins, et d'être par conséquent obligés d'interrompre les transports par terre ne pouvant expédier à Carloforte, de là des capitaux qui dorment, des dépenses énormes de sacs et des déchets sur le minerai ainsi que des retards sérieux dans les approvisionnements.

Cet inconvenient est tellement grand que toutes les mines au prix d'un sacrifice de 5 ou 6 francs par tonne

et plus même, voudraient pouvoir aboutir à Cagliari ou l'on
peut charger toute l'année; aussi si les mines de plomb, matière riche, peuvent supporter cet ennui, les minerais de peu
de valeur, comme le fer, ne le peuvent pas et tous ces gisements sur la côte ouest sont fatalement condamnés à l'ina-
ction, comme aussi nos minerais pauvres de plomb et de
zinc. Cela est tellement senti par tout le monde que des
fonderies pour les minerais pauvres se créent et sont en
projets sur tout ce littoral et que San Giovanni et
Monteponi vont transporter leurs produits a Cagliari.
Cette question est la plus grave de toutes et si jusqu'à
présent on a donné des moyennes de transports par
kilomètres on a toujours oublié, selon moi, le vrai
côté faible de nos exploitations. Ce que je dis là est
général pour toute la Sardaigne et par conséquent pour
la côte est.

Quant à donner des prix exacts sur les transports
en général cela est inutile, car ces prix varient avec chaque
mine, l'état des chemins; le mieux est de citer le plus
d'exemples possibles.

Tant qu'il n'y aura pas une route littorale qui partira
de Fontanamare pour aller rejoindre au moins Flumini
Maggiore et qu'il n'y aura pas un port passable au centre
de cette route, toutes les mines de plomb avec calamine .
auront bien de difficultés à vaincre et beaucoup ne pourront être exploitées. Il est vrai que l'on dit que c'est aux
mines à penser à cela, mais elles ont déjà beaucoup fait,
trop même sous ce rapport et il n'y aura jamais que les
plus riches qui seront mises en activité, à moins que les
fonderies de la côte ne se développent.

Le district de Cagliari reçoit à Cagliari les minerais
de Montevecchio, qui s'ils s'y paient 35 francs la tonne ont
au moins l'avantage d'être exportés de suite et partant

sont payés immédiatement, grave considération pour des exploitations à leur principe.

Dans le golfe de Cagliari, à la Maddalena, il y a le port d'embarquement de la mine de fer de Saint Léon qui est rélié aux travaux par un chemin de fer de 15 kilomètres, et muni d'une jetée de 200 m. de long. d'un remorqueur etc. Grâce à des sacrifices considérables cette mine est dans des conditions satisfaisantes, et grâce surtout à ce que le golfe est un excellent mouillage sans quoi on ne pourrait arriver à une grande exportation.

Le groupe du Sarrabus, si riche en mines, a un transport de 19 à 24 francs la tonne jusqu'à la plage, mais il n'a que des rades foraines, de même que pour Lula, et comme il n'y a absolument pas de chemins, à moins que ceux faits par les mines, il faut attendre la fin de l'hiver pour transporter par terre, le printemps et l'été pour charger les navires, qui se font payer en conséquence des risques qu'ils courent.

Il faut avoir créé des exploitations et en diriger dans de pareiles circonstances pour se rendre compte des difficultés, des coulages et des ennuis que l'on a à surmonter dans les premiéres années, les objets les moins importants en apparence nous obligent quelquefois à suspendre nos travaux. Maintenant les ressources sont immenses en comparaison des premiers temps mais il faut compter encore avec ces difficultés et pouvoir attendre la rentrée de ses capitaux.

Quelques routes communales de plus, un port de refuge sur la côte ouest, au moins un sur celle de l'est, modifieraient de tout au tout ces conditions; mais qui a vu la Sardaigne il y a 15 ans peut espérer sur la continuation des rapides changements qui se sont operés jusqu'à ce jour.

Ceci posé je donne un tableau par groupes de mines indiquant les prix payés juqu'à bord, mais en rappelant les difficultés d'embarquement, difficultés impossibles à évaluer et qui varient d'un kilomètre à l'autre. Avec ce tableau on pourra se faire une idée à peu près exacte des frais que l'on a à supporter pour chaque groupe de mines, (voir tableau **F**).

Les prix donnés aux entrepreneurs sont généralement plus forts que ceux obtenus par la concurrence libre; cela tient à ce qu'il y a d'anciens contrats et que quelques mines veulent avoir des transports réguliers et ne se trouvent pas dans des localités ou l'on puisse compter exactement sur les ressources locales: je crois cependant que c'est une crainte exagerée, et qu'en Sardaigne, généralement, dès qu'il y a des transports à faire les paysans et les chars abondent.

L'île de San Pietro est suffisamment pourvue de barques et de marins pour les transports de la côte Ouest, mais grâce au développement rapide des mines les prétentions commencent à s'élever: prétentions qui seront ramenées à leur juste valeur dès que Monteponi et San Giovanni se rendront à Cagliari. On remarquera sur le tableau que la mine de San Giovanni transporte à Portoscuso et paye 12 francs 50 au lieu de porter à Fontanamare au prix de 6 francs, cela tient simplement à ce que Portoscuso est dans de meilleures conditions pour l'embarquement que Fontanamare et que par conséquent les minerais arrivent plus vite à Carloforte et partant au point de vente.

TRANSPORTS PAR MER

De Cagliari, de la Maddalena, golfe de Cagliari et de Carloforte les nolis sont les mêmes pour n'importe quelle destination.

Pour Marseille ils varient de 9 francs à 11 francs 50, 10 francs 50 la moyenne pour le minerai de fer, 12 francs le minerai de plomb et 5 % de chapeau.

Pour le nord da la France les minerais de plomb paient 23 à 27 francs.

Pour Anvers, Rotterdam, l'Angleterre, de 28 à 33 francs, les vapeurs hollandais chargent à raison de 28 francs pour leurs ports (chargements de retour).

Les chargements en rade sur la côte Est sont un peu plus chers, mais on a encore quelquefois de bonnes occasions et on a fait à 30 francs pour la Belgique.

On trouve facilement des navires; les génois, les toscans et les napolitains peuvent procurer autant de navires que l'on veut. Les français font quelques voyages pour Marseille mais c'est le petit nombre. Pour les mers du nord outre les italiens on a tous les navires étrangers de retour et beaucoup de français. Sous ce rapport les conditions son excellentes.

Un service de bateaux à vapeur relie la Sardaigne au continent, les communications sont fréquentes et sûres et ont lieu 4 fois par semaine sans compter les comunications entre Porto-torres, la Corse et Marseille, il est facheux qu'il n'y ait pas de ligne régulière directe entre Cagliari et Marseille, cela nous serait d'un grand secours.

CHEMINS DE FER

Il y a deux ans environ on commença un chemin de fer *dit central*, qui devait relier Cagliari à Iglesias, Oristano, Sassari et Terranova etc. idée grandiose s'il en fut et je dirai presque poétique.

Les travaux, malgré que quelques sections soient presque terminées, Iglesias, Oristano, sont interrompus depuis plus d'un an et j'ignore ce qui se fera dans l'avenir, mais il est presque certain que les troncs de Cagliari-Iglesias, Cagliari-Oristano, seront bientôt achevés, ce qui sera d'un grand avantage pour le groupe principal de mines. La société avait une subvention de 9000 francs par kilomètre du gouvernement et 200,000 hectares de, terrains de la Sardaigne, compensation bien illusoire et qui n'aurait servi qu'à accélérer sa ruine.

Je ne parle pas du tracé du chemin de fer en général, car je n'ai pu encore le comprendre, mais certes il a été conçu dans l'idée de doter notre ile d'une ligne quelconque en s'inquiètant peu si elle nous serait plus ou moins avantageuse. C'est de toutes les routes centrales celle qui cherche le plus à s'écarter du centre. A mon avis le gouvernement aurait mieux fait de nous donner des routes communales, celà aurait rendu possible l'exploitation de bien des mines et permis de défricher bien des terrains dont on ne peut rien faire faute de voies de comunication.

DES IMPÒTS

La loi sur les mines n'impose que de 5 %, les produits nets (art. 6) plus 0ᶜ 50 par chaque hectare de superficie, mais depuis la mise en vigueur de la nouvelle taxe sur la richesse mobilière, cet impòt a été retiré et remplacé par un droit proportionnel sur les bénéfices ; en apparence rien n'est plus équitable, mais en réalité rien n'est plus injuste, les commissions fixent plus ou moins arbitrairement les bénéfices que l'on peut faire, sans consulter n'y l'ingénieur du gouvernement ni le propriétaire, aussi rien n'est plus capricieux ni souvent plus contraire à la vérité, Je parle de ce qui s'est fait, et j'ignore ce que l'on fera dans l'avenir.

Il y a en plus de ces redevances des droits de consommations sur tous les objets, matériaux, vivres etc. et dans ces derniers temps, après diverses péripéties, on a établi à la sortie 2 francs par tonne pour les minerais de plomb quelque soit la teneur, et 0ᶠ 20ᶜ pour les minerais de fer.

L'Italie a peu d'industries, on pourrait croire que son intérêt est de la developper, surtout dans un pays aussi malheureux que la Sardaigne, mais depuis quelque temps on semble suivre la marche toute contraire et grâce aux revirements fréquents de l'administration, aux tendances générales à tout modifier, on jette sans aucun profit, une inquietude légitime dans l'esprit des spéculateurs qui avant tout, désirent et doivent savoir à quoi s'en tenir pour l'avenir en se lançant dans des entreprises aussi scabreuses que celles des mines.

Les nécessités financières sont une excellente excuse, mais cette excuse tombe, losqu'on tarit les sources de richesses ou l'on veut puiser: un décret est vite fait mais il ne faudrait pas avoir à le modifier, à peine imprimé, comme on a dû le faire pour le droit sur l'exportation. Ce blâme peut paraître sévère, mais comme cette année nous avons encore eu l'emprunt forcé à supporter, que même sans avoir de bénéfices nous avons été taxés, cela a porté un arrêt fâcheux dans notre industrie, arrêt peut être exagéré, mais justifié par les craintes qu'inspirent à une industrie à peine naissante toutes les mesures exceptionnelles.

VENTE DES MINERAIS

Il y aurait un article très long à faire à cet égard, mais il ne serait pas du gout de tout le monde, si on entrait dans trop de détails, je crois donc devoir me borner a des généralités.

Dans les premiers temps Marseille avait le monopole de nos minerais, mais elle n'a pas su le conserver, il lui a été enlevé par le nord de la France, puis par la Belgique qui a payé des prix exhorbitants.

Nos galènes sont cotées suivant les provenances.

Le type le plus recherché est celui de Monteponi qui donne des minerais de 80 à 81 $\%$ de plomb, fusibles au possible, et environ 20 grammes d'argent; les prix de vente sont basés pour les 1.ères sur 80 $\%$ plomb et 20 grammes argent, pour les 2.ème sur 64 $\%$ plomb et 20 grammes argent. La gangue de ces minerais est calcaire, un peu ferrugineuse et très fusible. Autour de cette mine se grouppent les mines de San Giorgio, San Giovanni d'Iglesias, San Giovanni de Gonnesa, Monte Onixeddu etc. en un mot touts les minerais de ce voisinage provenant des calcaires. Ces calcaires sont ferrugineux, magnésiens et quelque fois siliceux.

On trouve à peine des traces de zinc et de métaux étrangers avec la galène. Ces qualités jouissent d'un prix supérieur.

En seconde ligne, viennent les minerais d'Ingurtosu, de Gennamari et Crabulazzu, minerais de 76 à 80 $\%$ de plomb et 34 à 50 grammes d'argent et des secondes a 64 $\%$ de plomb, 26 grammes argent.

Les prix de vente sont basés sur
pour les 1.ères 70 $\%$ plomb 20 grammes argent.

Les 2.èmes 59 % plomb 20 grammes argent, ces minerais sont assez fusibles et très recherchés, leur teneur est constante.

Leur gangue est le quarz, carbonate de fer, de chaux, blendes et quelques pyrites.

Autour de ces mines se groupent encore quelques exploitations sur des filons quarzeux, ou fentes, comme Gibbas et surtout l'Argentiera de Lula, Gosurra etc., à mais on donne la préférence à ces dernières, leur gangue étant à base de fluorine et de barite, quelques filons de ces localités sont blendeux et donnent par conséquent d'assez mauvais minerais.

En troisième ligne nous avons les minerais de Montevecchio tenant 70 % de plomb 50 grammes d'argent, (base pour les achats). Cette qualité est la moins estimée et passe pour être réfractaire.

La gangue est riche en morceaux de quarz, blende, pyrites de cuivre et de fer.

Il y a maintenant depuis peu de temps une nouvelle catégorie à faire et qui se subdivise en deux, les carbonates de plomb à peu près purs et ceux avec calamine.

Les carbonates de plomb sont surtout représentés par Canale-grande qui tient peu on point de calamine et par Masua.

Ces minerais peuvent se citer sur la base de 50 % de plomb et 40 grammes d'argent, ils sont d'une très grande fusibilité, surtout les premiers, leur gangue étant composée de calcaire, d'hydroxide de fer en grande quantité, de silice et de magnésie.

Quant aux carbonates avec calamine, comme en renferme Masua, Nebida, Malfidano, Acquaresa, malgré une gangue analogue à la précédente, leur vente présente jusqu'à présent des difficultés, les fondeurs étant embarrassés pour se débarrasser du zinc et les mineurs manquent d'eau pour les préparer.

Les achats se font généralement aux conditions suivantes: de 7 à 13° degrés de déchet suivant la nature du minerai:

4 °/₀ de perte sur l'argent;

6 f.ᶜˢ de fusion aux 100ᵏ· de minerai.

de 4 f.ᶜˢ 50 à 6 f.ᶜˢ de coupellation par 100ᵏ· de plomb.

2 f.ᶜˢ de transport pour Marseille, 4 f.ᶜˢ pour la Belgique.

4 °/₀ de la valeur pour assurances, commissions, déchets etc.

Les prix du plomb sont basés sur le cours du plomb à l'entrepôt de Marseille.

Les marseillais prétendent encore à une réduction de 2 f.ᶜˢ sur le prix du cours.

Tout dégré de plomb en plus ou en moins de la base établie est payé ou retranché suivant le prix du cours.

Tout gramme d'argent en plus ou en moins se paye à raison de 0ᶠ· 21ᶜ·

Pour éviter des calculs un peu longs, chaque mine a un prix fixe établi sur le cours du plomb, et à raison d'une teneur en plomb et en argent invariable que j'ai indiquée plus haut pour chaque type.

Soit par exemple Ingurtosu, le plomb étant à 47ᶠ· les 100ᵏ· à Marseille, il vend ses minerais à 70 °/₀ et 20 grammes argent à raison de 23ᶠ· les 100ᵏ· rendus à bord, or les minerais étant à 76 °/₀ de plomb c'est en plus . . . . 6 × 0ᶠ· 47 = 2, 82

34 grammes d'argent . . 0ᶠ· 21 × 14 = 2, 94

———

Soit 5ᶠ· 76

à ajouter aux 23ᶠ· = 28ᶠ· 76.

J'ai pris le chiffre de 23ᶠ· un peu arbitrairement.

Si on fait les calculs indiqués plus haut on aurait;

Pour un minerai fusible à 76 °/₀ plomb, 34 grammes argent, le plomb étant à 47^f.

VALEUR CONTENUE

Plomb . . . . . . 76 × 0^f 47 = 35, 72
Argent . . . . . . 34 × 0^f 21 = 7, 14

$$42^f\ 86$$

A DÉDUIRE

Déchet sur le plomb 7, 00 × 0^f 47 = 3, 29
Id. 4 °/₀ sur l'argent 1, 36 × 0^f 21 = 0, 28
Fusion 6, 00
Coupellation 69^k à 4^f 50^c les 100^k . . 3, 10
Transport 2, 00

à déduire 14^f 67

42^f 86 — 14^f 67 = 28^f 19 prix net dont il faut retrancher 4 °/₀ pour commissions, assurances, déchet etc. soit 28^f 19 — 1^f 12 = 27^f 07.

Quoique les belges aient 40 f.^{cs} au moins de transport jusqu'à leurs usines, ce sont eux qui font les prix les plus élevés.

Cette manière de compter varie suivant les acheteurs mais la forme est toujours la même, et ainsi que je l'ai dit les marseillais, si le plomb est à 47 f.^{cs} ne l'évaluent qu'à 45 f.^{cs}; ces prix sont raisonnables mais on les suit peu.

La prise d'échantillons se fait en Sardaigne lors du chargement des navires, on réserve quelques seaux de minerai que l'on verse en tas, puis on mêle avec soin, onen prend une portion qui est broyée, remèlée, divisée en quatre, un quart est remué de nouveau et sert à remplir trois boites que l'on scelle; deux de ces boites sont envoyées à deux essayeurs du commerce, une pour les vendeurs, l'autre pour les acheteurs, en cas de discussion la 3.ème boite qui est restée en dépôt sert de contrôle. La prise d'échantillon est faite en présence des représentants des deux parties et un procès verbal en est dressé.

Les minerais sont expédiés en grenier, car en sacs cela revient trop cher; il y a une perte par les transports qui varie de 1 à 2 °/₀ du poids total.

Les blendes donnent lieu à quelques transactions depuis deux ans, mais comme elles sont exploitées par des belges et fondues en Belgique par eux je n'ai aucune donnée intéressante sur ce sujet.

Cette année — ci on commence à expédier de Malfidano des calamines, mais c'est encore une chose trop nouvelle pour que je puisse en parler.

Les antimoines, manganèses, pyrites de cuivre, lignites, ne donnent plus lieux à aucune transaction, ces minerais sont peu abondants.

Les minerais de fer ne sont exploités que par la maison Pétin Gaudet qui les consomme entièrement dans ses usines de Corse et de France.

En résumé, la seule difficulté sérieuse pour la bonne réussite des exploitations, est le climat, tout le reste peut se vaincre avec des capitaux et de la persévérance, et tous les instants on voit le nombre des sociétés augmenter ainsi que la production. De nouvelles mines s'ouvrent tous les jours, mais malgrè cela il ne faut pas croire que cette industrie soit à son apogée, tout au contraire elle ne fait que naître et les travaux n'ont encore que quelques années d'existence.

Les difficultés d'exploitation proprement dites sont nulles quant à présent, il faudra voir quels seront les résultats lors qu'on aura à exploiter en profondeur, mais il y a temps encore et nos conditions seront de beaucoup améliorées d'ici là.

CHAPITRE III.

Ainsi que j'en ai déjà parlé rapidement au chapitre 1ᵉʳ, considérations générales, les différentes périodes d'exploitation des mines peuvent se subdiviser en quatre

1.ère période

1° Sous les phéniciens.

2° Sous les carthaginois pendant près de 3 siècles.

3° Sous les romains, pendant le 1ᵉʳ empire, et même sous le bas empire. Après la chute de ce dernier il n'y a rien d'important jusqu'au 10 ou 11ᵉ siècle.

2.ème période jusqu' à la découverte de l'Amérique.

4° Sous les Pisans et les Génois du 11ᵉ au 14ᵉ Siècle.

5° Sous les aragonais, et décadence complète lors de la découverte de l'Amérique.

3 ème Période décadance complète jusqu'au 30 juin 1840.

6° Après la découverte de l'Amérique et sous les espagnols et la maison. de Savoie, période à peu près nulle et où les mines étaient concèdées à des entrepreneurs généraux.

4.ème Période, reprise des travaux.

7° De 1840 à nos jours

Les différents peuples qui ont possédé ce pays semblent s'être occupés des mines, à ce que l'on croit, spécialement pour l'argent, malgré que nos minerais et surtout ceux qu'ils exploitaient *(gisements dans les calcaires)* soient fort pauvres; cependant je ne suis pas éloigné de croire qu'ils avaient connu des minerais riches à en juger par la teneur en argent des scories qu'ils nous ont laissées.

Cette teneur varie de 7 à 12 grammes pour 9 à 14 °/₀ de plomb, soit 70 à 100 grammes par 100^k plomb, ce qui est complètement en désaccord avec la richesse des minerais que nous savons avoir été exploités par eux et surtout en présence de la pauvreté remarquable (à peine 1 gramme aux 100^k) des saumons de plomb qui ont été trouvés et principalement celui qui existe au Musée R. de Cagliari et qui est du temps d'Adrien, ainsi qu'on peut en juger par l'inscripition qui est dessus:

IMP. CAES. HADR. AVG.

Bullettino archeologico anno IX pag. 75.

D'autre part la mine de Saint Georges renferme une localité dite *seddas de is fossas*, (la selle des puits), remarquable par la quantité énorme d'anciens travaux, où l'on trouve des minerais allant jusqu'à 1800 grammes. Monteponi contient une région, non exploitée actuellement, dont le minerai a 300 grammes.

Il y a en outre à ma connaissance des puits anciens dans le salto de Gessa, qui donnent des galènes à 3 et 4$^{k\cdot}$ à la tonne et des terres fort riches, ainsi qu'en différents endroits.

Quoiqu'il en soit de ces richesses en argent, le prix de ce métal étant aux époques qui nous occupent au moins 5 fois ce qu'il vaut actuellement, et la main d'oeuvre étant excessivement bon marchée puis qu'elle était, surtout sous les romains, procurée par les esclaves, il y avait convenance à traiter des minerais si pauvres pour nous. Les gisements dans les calcaires sont en outre d'une exploitation facile, ne demandant pas l'emploi de la poudre et le minerai y est concentré en colonnes, (c'est pour cela qu'on exploitait par puits), il n'y a donc pas à s'ètonner de l'immense quantité de travaux qui nous ont été laissés. Je crois du reste que c'est une erreur de penser que les anciens ne cherchaient que l'argent, bien au contraire ils faisaient grand cas du plomb, surtout les romains qui s'en servaient pour toutes leurs conduites d'eau; Pompei et Rome en sont des exemples frappants et ici même j'ai trouvé beaucoup de tuyaux dans les anciennes habitations.

Le saumon de plomb du Musée montre en outre avec quel soin les empereurs receuillaient ce métal puisqu'ils en faisaient faire des pains avec leur marque.

J'ai assisté à la découverte de presque tous les dépôts de scories anciennes, surtout à *Arenas, Gessa* etc.;

certains étaient ensevelis sous une végétation séculaire, ou recouverts d'un mètre ou deux de terres, et ce n'est que par exception qu'on a trouvé un peu de plomb et fort rarement des litharges, ce qui est pour moi la preuve évidente qu'on était loin de le mépriser, un village même du district d'Iglesias portait son nom (Plumbea).

Les pisans paraissent s'être occupés plus spécialement de l'argent, qui valait à leur époque 7 fois plus qu'actuellement et dans la proportion de 5 à 7 en se reportant à l'époque des Césars. Iglesias sous les espagnols battait monnaie, et cependant ils ont exploité des minerais essentiellement plombeux, comme ceux de San Giovanni de Gonnesa.

En résumé, aux époques anciennes, la Sardaigne convenait doublement sous le rapport de l'argent et du plomb il n'est donc pas étonnant que tout le sol du district d'Iglesias ait été bouleversé.

Depuis 1840 c'est le plomb qui fait le principal objet des recherches, et comme les premiers exploitants n'ont pris que ce qu'ils avaient sous la main et ce qui brillait le plus *(la galène)*, on s'est peu occupé de ces gisements, nombreux cependant, où les anciens travaux quoiqu'immenses, ne présentent aucune trace de minerai dans les décharges, mais on l'on aurait vu, si l'on avait fait des essais, que même les terres renfermaient de l'argent.

Si depuis le 15e siècle jusqu'à l'époque auctuelle la Sardaigne a été à peu près oubliée cela tient à la découverte de l'Amérique, découverte qui jeta sur un nouveau continent toutes les forces vives et tous les aventuriers, non seulement de l'Espagne, mais encore de tous les autres pays, de plus le prix de l'argent étant tombé très rapidement, la poudre étant encore peu employée, il fut naturel que l'on s'éloigna d'un pays où l'on est trop heureux de revenir actuellement. Le mineur est un peu aventurier de sa nature et il est du reste fort juste qu'il aille où il a plus de probabilités de réussite.

DES ANCIENS TRAVAUX ET DES FONDERIES JUSQU'EN 1840.

Les efforts des premières époques se portèrent surtout sur les gisements calcaires où les minerais sont concentrés par colonnes entre les strates et où la roche est peu dure; c'est surtout le district d'Iglesias qui fut exploité dans tous ses coins et recoins, et il représente assez bien un damier par le nombre énorme de puits que l'on y voit, souvent à peine distants l'un de l'autre de 3 ou 4 mètres et par l'orifice des quels on peut souvent à peine pénétrer. Ils descendent quelquefois à 150 mètres de profondeur et fréquemment à 100^m; ils communiquent généralement entre eux et se terminent par de vastes excavations dans les quelles on peut parcourir de grandes distances, comme à Saint Georges.

Dans les mines de plomb proprement dites, les décharges sont assez riches en minerai, mais certaines exploitations n'en présentent pas de traces, longtemps on s'est demandé ce que cela voulait dire, un simple essai a montré que de ces énormes cavités on avait retiré des minerais d'argent.

On ne peut s'empêcher de reconnaitre un très grand instinct de mineur dans toutes ces recherches et il serait heureux que de nos jours nous fussions à cette hauteur.

Les filons quarzeux à cause de leur dureté ont été peu attaqués avant l'invention de la poudre, excepté cependant quelques gîtes spécialement riches en argent comme le peu de galène que l'on trouve à l'Argentière de la Nurra, à Barisonis et aussi quelques recherches pour le cuivre du cotè de Gadoni, et encore la gangue est elle peu dure et bien différente de celle de Montevecchio.

Ces travaux par puits successifs et sur des lignes parallèles caractèrisent assez nettement l'époque romaine et même carthaginoise, et il n'y a pas à en douter grâce à l'absence complète de la poudre et aux lampes et outils rencontrés sur différents points, restes intéressants dont j'ai receuilli le plus grand nombre possible. Par les lampes on peut assigner des époques aux différents travaux, car il y en a de toutes les formes, depuis le simple godet en terre cuite avec un bec sur . le quel reposait la mèche, jusqu'à la lampe romaine fermèe, à une ou deux mèches, et enjolivée de figurines souvent de la meilleure époque. Les outils sont presque tous les mêmes, des coins à pointes etdes pics à roc de différentes dimensions et formes. On a bien rencontré quelques cadavres de mineurs surpris par des éboulements mais complètement à l'état pulvérulant. Quant aux monnaies, je n'ai pu avoir qu'une ou deux pièces de l'Empire.

Le travail des mines à cette époque devait être une rude punition; quoiqu'habitué à de bien vilaines choses dans ce genre j'ai dû souvent renoncer à tenter des excursions dans certaines de ces cavités.

Ainsi que je le disais, les environs d'Iglesias donnent une idée grandiose et exacte, non seulement de l'importance de cette industrie sous les romains, mais encore de la manière d'exploiter, de la nature même des gisements et de la distribution du minerai, qui partout où il existait a été pris par le haut, par des ouvertures souvent fort étroites, et suivi en profondeur jusqu à 150.ᵐ dans tous ses caprices.

La 2.me époque, la pisane, m'est moins connue, cependant elle est assez distincte de celle des romains, car il y avait un autre système d'exploitation, des puits se reliant entre eux, quelques galeries; les outils différaient peu si ce n'est qu' ils sont plus grossiers, plus massifs que sous les romains.

La 3.me période, époque de la poudre, s'attaque aux filons quarzeux, il y a des exploitations par gradins droits à ciel ouvert, des puits, des galeries et un système assez complet: du reste elle est presque de nos jours et entreprise par des ouvriers allemands, mais sans aucunes traces de préparations mécaniques.

Chose assez curieuse, c'est que sur les lieux d'exploitation il n'y ait que la 3.me période qui ait laissé des traces de constructions, affreuses baraques du reste. Quant aux romains je n'ai trouvé de leurs vestiges qu'auprès des anciennes fonderies et bien peu de choses encore, si l'on en excepte les traditions de deux villes, Plumbea et Metalla.

En somme le grand peuple ne me parait pas avoir considéré ses esclaves, mieux que les espagnols les indiens appliqués aux mines.

DES FONDERIES ANCIENNES

On doit comprendre combien il est difficile de juger de l'état d'une industrie à une époque si éloignée de nous et avec aussi peu de renseignements que ceux que l'on retrouve quinze siècles après: Si comme je l'ai dit, (les romains avaient l'instinct pour découvrir le minerai, mais un système d'exploitation déplorable sous tous les rapports, en laissant encore à part la question humanitaire,) on peut dire qu'ils étaient peu avancés dans l'art du fondeur à en juger par la teneur de leurs scories, car en plomb elles dépassent tout ce que nous faisons de mal actuellement, puisqu'elles contiennent de 9 à 44 % de plomb et en argent de 70 à 110 grammes par 100^k de plomb; cependant, la séparation de l'argent du plomb d'œuvre, était faite admirablement puisque leurs plombs donnent moins de 1 gramme. J'ai essayé et fait essayer quelques litharges qui étaient aussi en général très-pauvres.

On voit facilement dans quelle incertitude on doit être en s'occupant d'une pareille étude en se basant sur des dépôts de scories souvent enfouies sous terre, sur quelques essais, sur des monnaies, lampes ou autres trouvées dans ces restes. C'est donc sur ces données seules que je puis parler du traitement de ces époques et aussi sur l'inspection d'anciens fours, que j'ai pu voir avant qu'ils ne fussent détruits pour utiliser leurs débris imprégnés de plomb.

Suivant les localités où l'on rencontre les scories, elles sont plus ou moins riches en plomb et en argent, ainsi à Villamassargia, endroit où les mines n'ont pas été reprises, leur teneur est de 13 % en plomb, 7^g en argent.

à Domusnovas   de 13 %   id.   8^g id.

teneurs assez variables du reste. Ces scories proviennent de minerais excessivement fusibles, comme ceux de Monteponi, mais très-pauvres en argent; leur richesse de 60 à 110 grammes indique que ces minerais n'agissaient que comme fondants d'autres minerais plus riches en argent, car il est difficile d'admettre une semblable richesse avec des galènes à 80 % de plomb et 17 à 20 grammes d'argent, on sait du reste que l'argent se concentre plus volontiers dans le plomb que dans les scories à moins qu'elles ne contiennent des grenailles, ce qui n'a pas lieu généralement ici.

Dans les massifs boisés, comme Arenas et Grugua, les teneurs sont variables et on arrive comme dans cette dernière localité à 30 et 44 °/₀ de plomb et 9 grammes seulement, ces scories sont réfractaires, très siliceuses, le contraire des précédentes.

En général les romains ont établi leurs usines sur les quelques cours d'eau que nous possèdons, Villamassargia, Domusnovas, Flumini-maggiore (point moins important); mais on trouve dans des endroits presqu'arides, Arenas, Grugua, Carcinadas (où on a rencontré le pain de plomb dont j'ai parlé plus haut), des dépôts de scories qui pris en masse sont considérables, quant à Grugua les quantités sont très-importantes.

Si sur les cours d'eau on employait des fours à manche et certaines machines soufflantes dont je n'ai pu me faire une idée, dans les pays montagneux, au milieu des forêts, on se servait de petits fours formés de parallèpipèdes de 0ᵐ, 40 environ de coté, construits en quarzites quant à la chemise, en granite ou pierres de la localité quant à l'extèrieur; pour la soufflerie elle devait se composer d'un simple soufflet ou caisse carrée. Ces fours étaient excessivement multipliés dans la même localité, sur le versant des montagnes et dans le voisinage des filons exploités; aussi, surtout à Arenas, lorsqu'on fit la découverte des scories, on trouva près de chacun de ces fours des petits monceaux de scories de deux ou trois tonnes et ce dans les parties plates; sur les versants les scories étaient plus éparpillées et se sont retrouvées en grenailles au fond de la vallée, comme à Grugua, sous une épaisseur d'un mètre et plus de terre, de même à Arenas. Toutes ces scories proviennent de fusions incomplètes, elles sont siliceuses, riches en plomb (30 et plus °/₀) et médiocrement riches en argent.

Ces dépôts petits ou grands et généralement disséminés sur une grande surface sont fréquents, on en trouve à Arbus en grand nombre mais par petites parties souvent très éloignées l'une de l'autre, j'en donne un échantillon dans la collection, ainsi qu'un morceau de plomb d'oeuvre. Cette dissémination indique un travail analogue à celui que font actuellement les indiens de l'Amérique centrale et semblerait aussi montrer qu'on cherchait surtout l'argent et que c'était le combustible qui déterminait les lieux d'établissement de ces petits fourneaux. Ces scories contiennent de 25 à 30 % de plomb, sont pauvres en argent à l'exception des grenailles de plomb qui contiennent de 150 à 200^g.

En somme ce qu'il y a de remarquable, c'est que sur aucun point il n'y a des usines considérables, mais bien une série d'usines, même sur les cours d'eau. Les divers dépôts de Domusnovas, Villamassargia, Musei ont produit jusqu'à présent environ 130,000 tonnes, sans compter tout ce qui a été emporté par les eaux, ou est transformé en terre végétale, ou enfoui sous des alluvions.

Dans ces localités ont travaillé non seulement les romains mais encore les espagnols.

À Fluminimaggiore, dans la vallée et à Arenas on a retiré peut être une trentaine de mille tonnes, teneur variable mais ne dépassant guère 18 % de plomb et 7 ou 8 grammes d'argent; ces scories sont de deux époques. A Grugua, quoiqu'il s'agisse de scories remaniées par les eaux et accumulées dans un bassin, on peut calculer sur une trentaine de mille tonnes dont la teneur varie de 30 à 43 % de plomb; à Matopa aussi il y avait un dépôt ainsi qu' à Ales et autres localités.

Quant à la coupellation du plomb je n'ai aucune donnée, si ce n'est cependant un morceau assez gros de coupelle trouvé sur un pavé en mosaique ordinaire, mais rien n'indique exactement son origine.

En résumé les anciens ne paraissent pas avoir été plus remarquables comme fondeurs que comme mineurs, à en juger par la teneur de leurs scories; ils sembleraient avoir été plus habiles sous le rapport de la coupellation.

Les scories pisanes et espagnoles sont moins riches et elles sont généralement séparées des premières par des alluvions et caractérisées par les monnaies que l'on rencontre dans ces différentes couches, ce qui peut en dehors des essais servir à les classer.

Les scories de Villacidro étaient d'une époque plus moderne, et provenaient d'une usine établie par le concessionnaire général Mandel, le siècle dernier; leur teneur était de 11 à 14 % de plomb et 7 à 8ᵍ· d'argent. Le filon de Montevecchio a donné la plus grande partie des minerais fondus sur ce point, auxquels on ajoutait du Monteponi et divers minerais, qui en vertu d'une ordonnance en date du 5 Juin 1759 devaient être transportés à cette usine à des prix déterminés et contenir 62 grammes par 100ᵏ· minerai, moyen facile de procurer des minerais fusibles à cette usine sans bourse délier, le seul filon de Montevecchio à cette époque présentant une semblable teneur.

À la mort de Mandel le gouvernement continua quelque temps à faire marcher cette usine; elle était composée de quelques fours à manche, le vent était donné par des trombes; j'ai dans les temps essayé la fusion de ses scories avec les anciens engins et j'avoue que grâce à leur qualité réfractaire, on a dû se contenter d'une première expérience et établir une usine sur d'autres bases.

Je parlerai plus loin des usines à fondre les scories, crées pour utiliser ces dépôts, car après s'en être servi pour ferrer les chemins on les exporta à Marseille, comme on peut le relever de la statistique **A**, et plus tard on les fondit à Domusnovas, Flumini Maggiore et Villacidro.

On rencontre enoutre quelques scories de cuivre, des traces de scories de fer, mais tout cela est sans grande importance surtout pour le fer qui n'a pour ainsi dire pas été exploité, j'en parle ex-professo ayant visité à peu près tous les gisements de cette nature de l'île et n'ayant rencontré que de minces dépôts de cette matière, fort douteux encore.

Pour le cuivre les tentatives ont été plus sérieuses mais ne paraissent pas avoir donné de bons résultats, même du côté de Gadoni où l'on a travaillé d'une manière assez suivie. J'ai rencontré souvent, soit autour de Laconi, dans l'Arcidano et dans la plaine, de petits monceaux de scories cuivreuses, mais presque toujours aux pieds des *Nuraghes* (monuments *Pélasgiques*), semblant appartenir à l'époque du bronze et provenir par conséquent de fusions tout-à-fait partielles. J'ai même trouvé quelques fragments d'armes en bronze dans ces tas.

En somme pour le moment c'est à peu près tout ce que l'on peut dire sur l'industrie métallurgique ancienne, de nouvelles découvertes viendront peut-être nous éclairer mais je doute que l'on trouve jamais que les romains aient fondu les minerais difficiles et qu'ils fussent fort perfectionnés dans cet art, au moins en Sardaigne.

CHAPITRE IV.

J'ai réuni avec le plus grand soin, depuis 1849 jusqu'à la fin de la campagne 1865-1866 (30 Juin 1866), toutes les données relatives à la production métallifère de l'île et je me suis servi pour cela, (tableau **A**), d'un travail que j'avais fait en 1860, et de cette date jusqu'en Juin 1865, de renseignements officiels. Quant à la campagne 1865-1866, les statistiques n'étant pas encore parvenues au bureau des mines (Février 1867), j'ai dû avoir recours à l'obligeance de mes collègues et j'espère que l'exactitude de ces données est aussi complète que possible.

Pour les teneurs, je me suis basé sur les déclarations particulières se rapportant à la fin de l'année 1866 et sur de nombreux essais que j'ai par devers moi. Il n'y a guère que pour une où deux mines ou je puisse avoir des doutes.

En somme, les tableaux **A**, **B**, et **D** laissent peu à désirer et peuvent servir en toute conscience aux calculs que l'on voudrait faire sur notre richesse métallifère.

Le tableau **C** (des mines diverses) m'a donné plus de fatigue, car certaines productions remontent fort loin et d'autres, comme les blendes, ne datent pour ainsi dire que de cette dernière campagne, jusqu'à présent on n'avait considéré sérieusement que les mines de plomb.

Il ne faut pas perdre de vue que dans ces statistiques je ne donne que les quantités exportées, aussi pour la campagne 1865-1866 il y a un reliquat sur le carreau des mines, considérable surtout pour le fer et la blende.

En jetant un coup d'ail sur ces résumés on verra la marche rapide de notre production ainsi en

1846 nous produisions en minerai de plomb 17^{tonnes}
1858   id. $6637^{t.}$
1860   id. $13228^{t.}$
1865-1866   id. $26229^{t.}$
En outre en plomb d'oeuvre en 1860 $78^{t.}$ $700^{k.}$
1865-1866 $1877^{t.}$

De plus on s'est mis à exploiter depuis peu avec une grande activité les mines de fer, de blende, de calamine, les quelles vont donner et donnent déjà des quantités considérables. Une seule mine de fer, celle de Saint Léon, qui en 1865-1866 a donné 13810 tonnes, pourra grâce aux moyens de transports nouvellement organisés exporter de quarante à cinquante mille tonnes par an. Les mines de blende du Sarrabus et de la Nurra ont déjà des productions de plusieurs milliers de tonnes, et la mine de Malfidano en raison de ses grands amas, peut aussi donner de dix à vingt mille tonnes de calamine par an, ce n'est qu'une question de transports.

Pour faire ressortir plus fortement ce développement industriel et que beaucoup ne voudraient pas croire, grâce à la réputation que l'on a faite à ce pays, je donne aussi, tableau **G**, le nombre des mines concédées et en voie de

concession, et plus bas le nombre des permis de recherches existants en 1866. On relevera de là qu'il y avait 26
mines concédées, 14 en voie de concession, 215 permis divers,
auxquels il faut ajouter 104 autres permis en cours, ce
qui fait un total de 409 permis; chiffre minimum car beaucoup de permis donnés en 1864 et dont le nombre monte
à 140, n'ont pu être prolongés en 1866 et n'arriveront
à cela qu'en 1867, la durée ordinaire d'un permis étant
de deux ans et obtenant ensuite une prolongation d'un
an avant d'être obligé d'en demander le renouvellement.

PERMIS de recherches existants en 1866.

Nº	CIRCONDAIRE	QUALITÉ DES MINERAIS	Nº des Mines	TOTAL
	Cagliari			
14	Permis	Galéne	56	
54	id. prolongés	Fer	12	
8	id. renouvelés	Blende	2	
		Antrhacite	2	76
76		Lignite	1	
		Cuivre	2	
		Antimoine	1	
	Iglesias			
11	Permis	Galéne	88	
67	id. prolongés	Fer	1	
18	id. renouvelés	Blende	2	96
		Cuivre	3	
96		Manganése	1	
		Blende et galène	1	
	Lanusei			
12	Permis	Galène	20	
12	id. prolongés	Blende	1	
1	id. renouvelés	Fer	1	25
		Cuivre	2	
25		Lignite	1	
	Oristano			
1	Permis	Galène	4	
10	id. prolongés	Blende	3	
2	id. renouvelés	Fer	1	
		Anthracite	1	13
13		Etain	1	
		Pyrite de fer	1	
		Lignite	2	
	Nuoro			
1	Permis prolongés	Galène	3	3
2	id. renouvelés			
3				
	Sassari			
1	Permis prolongés	Cuivre	1	
1	id.	Galéne	1	2
2				215

Il ressort à l'évidence de tous ces chiffres, que notre industrie au lieu de décliner ne fait que progresser avec une rapidité extraordinaire.

Il serait fort difficile actuellement de trouver un point vierge dans toute l'ile, surtout dans le district d'Iglesias, où je ne connais que quelques mètres carrés, qui aient échappé aux demandes de recherches.

Tous ces permis ne sont évidemment pas travaillés et beaucoup sont dans les mains d'individus qui n'ont d'autre but que de les céder, mais un grand nombre sont sérieusement exploités et quelques uns ont donné lieu à des dépenses considérables. A en juger par ce qui s'est passé jusqu'à présent, les détenteurs de permis ont en général l'espérance de s'en débarrasser avantageusement; il est à désirer pour eux, que les autorités locales et spéciales abandonnent les tendances derigueur où elles semblent vouloir entrer depuis quelques mois.

DES SALINES

Il y aurait beaucoup à dire sur le magnifique établissement de Cagliari, en ce moment exploité par une société française.

En effet ces salines sont d'une étendue immense et susceptibles encore d'augmentations considérables, mais je crois que la meilleure description consiste à renvoyer à la statistique **E**, où j'ai cherché à réunir tous les éléments qui peuvent guider sur cette industrie et qui en diront beaucoup plus qu'une description qui serait hors de propos ici. Les produits sont exportés en Italie, dans la Baltique et dans l'Amérique du nord; tous les chiffres sont officiels.

Autrefois les salines étaient du gouvernement et il y en avait presque partout, les cordons littoraux de l'île se pretant beaucoup à ce genre d'exploitation, malgré cela les produits étaient faibles en comparaison de ce qu'ils sont à présent et quoiqu'il n'y ait qu'une saline importante, celle de Cagliari, et une autre maintenue un peu pour la forme, celle de Carloforte.

Le monopole absolu du sel a eu dans le temps de graves conséquences pour le pays, le prix en était très élevé, aussi les habitants de l'interieur venaient par bandes armées voler la nuit leurs provisions et il en résultait que souvent elles ne se bornaient pas à ce seul exploit. Heureusement que le quintal métrique se vend actuellement à 0^f 50^c et qu'il n'y a plus de prétextes à ces attroupements.

La société des salines fabrique un peu de sel de potasse, mais on ne tire encore qu'un très-faible parti des eaux mères et de tout le sel qu'on pourrait produire; il est à regretter qu'une usine de produits chimiques n'entre pas dans les vues de nos saliniers.

Cette industrie donne une grande activité au port de Cagliari, de très-gros navires américains, suédois, norwégiens hollandais viennent prendre leur retour en sel et nous apportent quelquefois les fers et les bois du nord.

A ma connaissance il y a peu d'établissements de ce genre dans d'aussi bonnes conditions, aussi bien entendu et dirigé et susceptible d'un plus grand avenir; le climat est en outre parfaitement adapté, le terrain disposé à souhait et l'on a une main d'oeuvre abondante sans compter celle des forçats.

Les chargements en rade et dans le port se font au moyen de grosses barques à rames conduites par des forçats et qui jaugent dix-neuf tonnes.

En plus de la statistique ou tableau **E**, je crois devoir ajouter les productions, en quintaux métriques, obtenues depuis 1850 jusqu'en 1859, pour donner une idée plus complète de l'augmentation dans la production.

1850	318,964 quintaux
1851	191,370 ›
1852	319,736 ›
1853	406,688 ›
1854	537,365 ›
1855	652,585 ›
1856	649,650 ›
1857	758.778 ›
1858	1,100,302 ›
1859	1,272,863 ›

On fabrique encore quelques carbonates de soude naturels aux moyen des plantes salines du littoral, ce qui était autrefois un très-grand commerce, actuellement c'est fort peu de chose et je n'en parle que pour mémoire.

FONDERIES DE PLOMB

Je donne, tableau **D** le relevé de nos fonderies, industrie qui n'est qu'à son principe quant au traitement des minerais de plomb, mais qui forcément doit attendre sous peu de grands développements.

En 1860 après avoir exporté pendant quelque temps les scories anciennes à Marseille, on créa une fonderie à Domusnovas, puis à Villacidro et à Flumini-Maggiore, pour les fondre sur place. Deux de ces usines sont déjà fermées, Villacidro et Flumini-Maggiore, par suite de l'épuisement des amas voisins et il ne reste sur pied que Domusnovas qui déjà mélange des minerais de 3me qualité de Monteponi, à

19 °/₀ de plomb et 12 grammes d'argent, environ 1700 tonnes par an, aux scories anciennes. Cet établissement a 9 fours à manche et un four à réverbere, une turbine et une machine à vapeur, en tout 24 chevaux de force environ pour sa soufflerie. Le traitement ne présentant rien que l'on ne connaisse et les matieres étant excessivement fusibles, je ne m'étendrai pas sur ce sujet.

Les deux autres usines étaient établies sur le même système et la force motrice était donnée à Villacidro, par une roue et à Flumini-Maggiore par une turbine.

La fonderie de Domusnovas, grâce à sa position, pourra, lorsqu'elle aura terminé ses scories, fondre les minerais du voisinage et présente par conséquent de l'avenir.

Le point intéressant pour nous est la question du traitement des minerais, celui des scories étant passager. Une tentative a déja été faite à Cagliari par des capitalistes de l'île, mais la mort du directeur, le manque d'approvisionnements en minerais et différentes circonstances, ont amené la fermeture de cet établissement. Quoique Cagliari ne soit pas actuellement dans la position la plus avantageuse pour ce genre d'industrie, on pouvait déjà alors espérer obtenir certains résultats, il est facheux qu'il en ait été autrement car cela aurait été un bien pour les mines et surtout pour les recherches qui auraient alors pu se débarrasser facilement de leurs productions, trop faibles souvent pour donner lieu à une expédition spéciale. En 1862 une usine à Cagliari ne pouvait bénéficier que des transports par mer de Montevecchio et un peu de ceux des mines situées entre Iglesias et Cagliari; pour toutes les autres localités sa position était à peu près semblable à celle de Marseille et de l'usine de Pertuzola, golfe de la Spezia. On n'avait donc à espérer que sur quelques francs de moins par tonne pour quelques mines, c'est ce qu'on n'a pas compris; il aurait fallu de bien grands capitaux et une grande intelligence du métier pour penser à rivaliser avec le continent qui a le combustible et la main d'oeuvre à bon marchè, et ne pas avoir à lutter contre les belges qui ont payé des prix exhorbitants pour les minerais, prix fort peu en rapport avec leur valeur; mais si ces usines ont pu agir ainsi pendant quelque temps, soit pour maintenir d'anciens établissements, soit à cause de la main d'oeuvre, du combustible, de leur habilité comme fondeur, il n'en était pas ainsi pour l'usine de Cagliari ou Bonaria.

Une fonderie est plus possible, actuellement, à Carloforte car là on est au centre des mines et on peut avoir à bon marché les minerais trop pauvres pour être exportés et c'est sur eux seuls que nous devons compter et non sur une petite différence de quelques francs par tonne sur les transports. A Carloforte on bénéficie encore les transports de Marseille ou de Pertuzola et ce sur un nombre important de mines, ce qui n'a pas lieu pour Cagliari, car on paye à peu près aussi cher pour venir de Carloforte à Cagliari que pour aller de Carloforte à Pertuzola et même à Marseille.

La fonderie de Bonaria pourrait convenir à un fort producteur de minerais, l'établissement est vaste, bien disposé, sur le bord de la mer et pourvu d'eau. Si les principales mines d'Iglesias viennent à transporter leurs minerais à Cagliari, comme elles en ont le projet, et surtout si l'on termine le chemin de fer de Cagliari-Iglesias, alors cette usine sera dans des conditions excellentes et elle pourra profiter de touts les minerais de Monteponi, Saint Jean, ou pour mieux dire de touts ceux qui se produisent autour d'Iglesias, sans compter les Montevecchio; sous ce rapport elle sera dans une condition toute particulière et pourra bénéficier des transports par mer sur au moins quinze mille tonnes des minerais les plus riches. Grâce à la création des chemins, au dévoloppement de l'industrie, les affaires difficiles il y a quelques années, deviennent simples de nos jours.

Cette fonderie se compose.

D'une machine à vapeur de la force de 24 chevaux, d'une paire de cylindres broyeurs, trois fours viennois, un à réverbère, 3 fours à manche, 9 fours pour patinsonnage, un four de réduction, un à adoucir, un à coupelle etc., de plus un vaste emplacement, maisons, hangards etc. Rien ne m'étonnerait que quelque capitaliste sérieux ne vienne à relever cette affaire, d'autant plus que le grand nombre de navires qui vont sur lest charger les minerais de Saint Léon pourraient transporter les charbons de terre à bon marché, sans compter que le golfe de Cagliari est encore riche en forêts du coté de Pula.

En se reportant au tableau **D**, on verra qu'en plus des usines dont j'ai déjà parlé, il y a celle de Masua, fonderie spéciale à la mine de ce nom et qui indique de la part de celui qui l'a proposée une grande connaissance du métier, des conditions spéciales de la localité et du minerai. En effet, les minerais produits sont en général pauvres en plomb quoiqu'assez riches en argent, et un millier de tonnes. au plus peuvent être transportées tous les ans, il aurait donc fallu renoncer à tirer parti de 4361 tonnes de carbonates et galènes à 35 °/₀ de plomb et 47 grammes d'argent dont ont retire 933 tonnes de plomb à 110 grammes aux 100$^{k.}$

Masua se trouve dans la région Gessa où abondent les mines de carbonate de plomb avec calamine, comme *Nebida, Canale grande, Acquaresa, Malfidano* et divers permis qui tous produisent fort peu de minerais exportables et d'une préparation mécanique tellement difficile qu'il est presqu'impossible de les porter à une teneur élevée sans une perte très forte, en revanche, les quantités que l'on peut extraire sont considérables. Etablir une usine à Carloforte, c'est grever les matières d'un transport de 4ᶠ 50 à 6ᶠ par tonne, et comme la plage *ouest* est, comme je l'ai dit plus haut, rarement abordable, les mines doivent tendre à fondre sur le lieux même de production. C'est ce que Masua a compris le premier, ce que fait actuellement Nebida et pensent à faire les autres mines.

C'était à propos de ces conditions spéciales que j'insistais sur la nécessité d'une route littorale, partant de *Flumini-Maggiore* et se rendant à *Fontanamare*, et aussi sur la création d'un port de refuge au centre de ces exploitations, qui sont toutes pour ainsi dire à une portée de fusil dela mer. Pouvant réunir les minerais de deux ou trois mines, et comme ces minerais sont inégalement fusibles, on arriverait à pouvoir tirer parti de produits qu'on doit laisser sur les haldes faute de pouvoir ou de savoir les enrichir ; ce qui est du reste fort difficile, car en général l'eau manque absolument et la nature du minerai ne s'y prête pas.

En somme si les mines de galène s'inquiètent moins de traiter sur place leurs minerais, les mines de carbonate ne peuvent se tirer d'embarras qu'en employant la fusion au lieu de la préparation mécanique. Il est fâcheux, que toutes ces sociétés qui se touchent, ne s'entendent pas entre elles, soit pour la route, soit pour les établissements à créer, car faire autant d'usines que de mines, est à mon avis ne vouloir arriver à rien d'important, et souvent même à échouer.

L'intéressant groupe de *Gessa* donnera de bons résultats, mais surtout lorsque l'esprit d'association se sera fait sentir pour nous et lorsqu'on sera bien persuadé qu'on n'a pas à faire à des minerais à 80 °/₀ de plomb. Une autre solution serait dans une compagnie puissante pouvant embrasser tout ou partie de ces gisements.

Je dirai quelques mots de la fonderie de Masua lorsque je parlerai de cette mine, cette fonderie faisant pour ainsi dire partie intégrante de son exploitation, ou pour mieux dire d'annexe à sa préparation mécanique.

DES SOURCES THERMALES ET MINÉRALES

Il y aurait beucoup à dire sur ce sujet, soit à cause du nombre de ces sources, du haut degré de température auquel quelques unes arrivent, de leurs qualités médicinales et du grand cas qu'en faisaient les romains, mais ce serait un travail long, incomplet, car elles sont presque tombées dans l'oubli; et seuls, quelques paysans par tradition, continuent à fréquenter certaines localités où il n'y a même pas une baraque pour les abriter, tandis qu'ils foulent aux pieds des restes de constructions romaines et même d'une époque plus reculée.

Rien de complet n'a été écrit sur ce sujet jusqu'à présent, et comme je n'ai pu me procurer les renseignements qui auraient pu intéresser, et que cet ordre d'idée importe peu aux mineurs, quoique faisant partie intégrante de leur métier, je me contente de renvoyer au voyage en Sardaigne de la Marmora volume I, à Angius *Biblioteca Sarda* et au *Bollettino archeologico Sardo*, anno V pagina 80 et 103 de notre savant et trop modeste Chanoine Spano, un des plus remarquables et généreux archéologues de notre époque, et de qui je tiens la plus grande partie des renseignements que je puis donner sur ce sujet.

Les sources connues actuellement montent à trente, beaucoup sont excellentes contre les suites des fièvres, comme

les eaux de Sardara, eaux chaudes, et les eaux froides ferrugineuses de Capoterra qui surgissent dans les environs de
la mine de fer de Saint Léon. Nos paysans et nos mineurs
savent très-bien en apprécier les qualités et en usent sans
qu'on ait besoin de le leur conseiller.

Voici du reste la nomenclature à peu près exacte des
sources les plus importantes.

I° *Acqua Fredda o is Zinigas*	Siliqua
II° *Baccu Tinghinu*	Capoterra
III° *Cuccureddus*	id.
IV° *Is pampinus*, près la mine de Saint Léon	id.
V° *Acqua ruttu*	Domusnovas
VI° *Acqua Hypsitanae*, sur ce point existent d'immenses ruines d'anciens thermes même antérieures aux temps romains	Fordongianus
VII° *Maladroxa*	Ile de San Antioco
VIII° *Santa Maria is acquas* ou acquae napolitanae, ou il existe encore le calidarium romain et des restes de piscines	Sardara
IX° *Benetutti*, acquae lesitanae, quelques ruines antiques	Benetutti
X° *Acqua medica* dite Gonone	Dorgali
XI° *Acque de Castel Doria*	Perfugas
XII° *Acque di S. Martino*, quelques constructions modernes	Ploaghe
XIII° *Acque de San Giovanni*	Dorgali
XIV° *Santa Maria de Bubalis*	Toralba
XV° *Acqua de is Dolus*	Settimo
VVI° *Funtana sansa*	Chia
XVII° *Acqua calda*	Sulcis

XVIII° *Cabu d'acquas calentis*	Flumen Tepidu
XIX° *Mitza de su Ferru*	Decimo
XX° *Bagnos romanos o abba sansa*, restes antiques	Bonorva
XXI° *Li Ferrizzi ou di lu Ferru*	Sassari
XXII° *Abba meiga*, restes antiques	id.
XXIII° *Loittu*	Siniscola
XXIV° *Oddini*	Orani
XXV° *La Spadula*	Sassari
XXVI° *Saturnino*, il existe encore des piscines et des restes d'édifices anciens	Padria
XXVII° *Acqua della Vittoria*	Sassari
XXVIII° *Vena ustu*, ou bagnos de Nulvi	Nulvi
XXIX° *Abba Ruya de Sustana*, ruines anciennes	Tiesi
XXX° *Acqua Cotta*	Villacidro

Il faut espérer qu'on s'occupera dans l'avenir de toutes ces richesses car beaucoup de nos mineurs ont retrouvé la santé et se sont guéris de leurs blessures à la suite de traitements plus qu'incomplets; quelques abris suffiraient dans le voisinage des sources les plus renommées et rendraient plus de services que les projets grandioses que l'on a pour quelques unes d'entre elles, projets fort beaux mais inexécutables vu l'état de nos finances.

CHAPITRE V·

La formation silurienne, très développée en Sardaigne et très bien caractérisée, renferme nos gisements métallifères, que je classe par districts.

I. Le district d'Iglesias composé de schistes et de calcaires, présente: .

Dans les schistes, des filons fentes qu'on peut dire types et dont la direction principale est E. O., donnant des galènes légèrement blendeuses avec un peu d'argent, et dans les calcaires de grands filons quarzeux ou dickes, peu explorés, et qui paraissent être plutôt un phènomène ayant accompagné l'injection métallifère dans les calcaires, lors de leur soulèvement. La direction de ces dickes est N. S., en général.

Dans les calcaires, des filons couches ou strates (terme du pays) dont la direction générale est N. S., N. S. magnétique pour les filons de contact de Gessa, N. 15° 30' pour les filons dans les calcaires et aussi N. N. E.-S. S. O.; et

E. O. pour les filons de contact dans le voisinage d'Iglesias. Chacune de ces directions, caractérise un ensemble de mines où le minerai prsenete des différences, ainsi les filons N. 15° 30' — N. N. E.-S. S. O., et contact E. O., donnent de galènes pures, souvent de vrais alquifoux, et sont pauvres en argent. Les contacts N. S., contiennent beaucoup de carbonates et des calamines en plus ou moins grandes quantités et sont plus riches en argent.

Les directions N. S., générales pour les calcaires, et celles E. O., pour les schistes, sont pour moi les deux directions primitives, toutes les directions intermédiaires ne sont que des variations ou appartiennent à des soulèvements postérieurs.

II. Le district du Sarrabus, composé de schistes et de calcaires, et qui appartient au silurien, non qu'on y ait trouvé des fossiles comme dans celui d'Iglesias, mais parceque il est parfaitement caractérisé par la forme de ses montagnes et la nature des roches, renferme des mines, surtout dans les schistes, ce sont des filons fentes. La direction mère, ou principale est E. O., donnant des galènes, ces mines sont rares.

Il y a en outre des directions variables qu'on peut retenir N. 50° E. et S. E. 27° N. O., c. à. d. s'avoisinant de E. O. Ces filons sont abondants mais peuvent être considérés comme filons de blende mélangée de galène et de pyrites diverses, on peut les désigner sous le nom de filons à minerais complexes à base de blende.

III. District de Nuoro, dans le terrain silurien, filons dans les schistes.

Le filon principal est dirigé E. O. (filon d'*Interatassa*). Les filons de galène pure, N. N. O.-S. S. E. *Argentière, Correboi.* Les filons blendeux variant du N. E. au N. O. comme dans le *Sarrabus.*

IV. Le district de la *Nurra*, se compose d'une seule mine de blende et galène très argentifère dont la direction est S. O.-N. E.

V. Il y aurait encore un district à établir, celui de Cagliari ou de Saint Andrea situé dans des terrains analogues aux précédents, mais avec plus de filons dans les granites et dont le centre serait Saint Andrea, les recherches n'ayant pas été fructueuses jusqu'à ce jour, il y a peu à en parler. La direction principale est N. S., cependant le filon *de s'ortu becciu* est, E. O.

Les terrains siluriens ont été soulevés par les granites qui forment l'ossature de la Sardaigne, leur principale direction serait N. S. ou plutôt N. 5° O. Il y aurait en outre des failles perpendiculaires à peu près E. O., mais contournant les pointements granitiques qui ont donné lieu aux filons principaux E. O. Les autres directions de filons proviennent de soulèvements partiels et postérieurs, naturellement ils ne peuvent affecter la régularité qu'ont les deux premiers et n'ont jamais la même continuité et la même puissance. Dans les granits d'Arbus il y a des filons plus jeunes qui recoupent et rejettent les filons principaux, et traversent les schistes et les granits.

J'ai cherché ici à relier ensemble les directions types, avec la nature du minerai dans chaque district, non dans le désir de faire une théorie, mais comme simple renseignement, basé sur les observations faites jusqu'à ce jour, et pour donner aux chercheurs de mines certaines notions qui peuvent être utiles.

Faire une théorie générale, même pour un pays si restreint que la Sardaigne, n'est dejà plus possible, c'est pour cela que j'ai mieux aimé la diviser par districts miniers; mais je dois observer qu'il ne faut pas perdre de vue que celui d'Iglesias est le plus connu et le plus important;

qu'après lui vient celui de Nuoro ou de Lula. Pour les autres je ne puis donner que des généralités basées un peu sur mon expérience, beaucoup, sur des renseignements puisés à différentes sources. Il est probable que certaines localités surgiront encore, au moins dans le circondaire de Lanusei à en juger par le tableau des permis, mais il ne me convient pas de parler de choses sur lesquels manquent presque absolument les indications.

On peut encore prendre pour les mines, comme division d'ensemble, peut être plus facile à suivre que celle que j'indique plus haut, la nature en général des filons et des gangues, comme je l'avais fait en 1860 (tableau **A**); mais les mines augmentant tous les jours, de nouveaux faits demandent de nouvelles classes, cela m'a entrainé à prendre pour base les directions principales et les faits particuliers à chaque district; du reste une grande corrélation existe entre les directions, la nature du gisement et celle du minerai. Dans cette hypothèse, nous aurions alors en première ligne et pour chaque district:

1° Les filons fentes, que l'on retrouve dans la formation schisteuse et calcaire, se subdivisant en deux catégories.

Les filons de galène.

Les filons de blende, galène etc., *aux mines diverses*.

2° Les filons de contacts, entre les schistes et les calcaires, formant deux divisions, ceux de galène direction E. O., et ceux de galène, carbonate et calamine N. S.

3° Les filons couches, intercalés entre les bancs calcaires.

4° Les gisements irréguliers dans les calcaires.

Pour les mines autres que les plombs, j'en ferai un article spécial, *mines diverses*.

MINES DU DISTRICT D'IGLESIAS

FILONS FENTES

Le filon de Montevecchio sur lequel sont situées les mines de Montevecchio, Ingurtosu, Gennamari, connu sur une longueur de plus de 10 kilomètres, est peut-être le plus beau filon qui existe en Europe, et un des gisements de galène le plus remarquable. Il a été determiné par le soulèvement du plateau granitique d'Arbus, qu'il contourne et vers lequel il s'incline.

Sa direction à Montevecchio est E. O., l'inclinaison N. 50° à 65°, à Ingurtosu elle est de N. 45° à 50°, inclinaison N. O. 70° à 75°, à Gennamari de N. 20° à 50°, inclinaison O., variable.

Ce filon est quarzeux, sa puissance n'est pas constante et est quelquefois de 25 à 30^m· C'est souvent une réunion de plusieurs veines, ou filons, qui se détachent, courent presque parallèlement pour se réunir quelquefois comme à la pointe de Gennamari, ou se diviser comme vers Ingurtosu, une branche vers le S. O. tandis que d'autres se portent vers Gennamari, mais le filon principal existe toujours et contourne le plateau d'Arbus.

La masse quarzeuse renferme des veines métallifères, espèces de filons dans le filon même, dans lesquelles se trouve le minerai; ainsi on distingue les veines du toit, du lit, qui quelquefois se réunissent entre elles. La distribution du minerai n'est pas régulière mais bien par points de concentrations plus ou moins étendus, il y a même des parties qui semblent complètement stériles, malgré le nombre de veines qui existent, la puissance de la masse quarzeuse étant telle que l'on passe à coté de ce que l'on cherche sans s'en douter. Tantôt l'une de ces veines est riche, tantôt c'est l'autre, mais généralement ce sont celles du lit. La galène atteint même une puissance de 3 et 4^m, comme à Montevecchio et fréquemment 0^m 80, elle est généralement à grandes facettes, sa richesse en argent est assez variable de 23 à 80 grammes et plus.

La gangue est complexe, blende, pyrites diverses, carbonates de fer, quarz, argile.

A Montevecchio le minerai est réfractaire, à Ingurtosu et Gennamari il l'est beaucoup moins et jouit de la 1.re cote.

La mine de Crabulazzu, qui est en voie de concession n'est pas sur le prolongement du filon principal, mais bien sur des croiseurs, dont l'un est coupé et rejeté par l'autre.

Le 1.er croiseur dit *Saint Antoine*, est N° 296 inclinaison 6° N. Il est rejeté par un filon croiseur du principal, dont la direction est N. S. de 5° à 10° E. inclinaison E. E. 0. - 70°.

A la pointe de Gennamari, d'autres filons semblent s'en détacher et continuer le principal, se dirigeant vers la vallée de Flumini Maggiore. Quelques tentatives de recherches on été faites de ce coté mais sans grands succès jusqu'à ce jour.

Un système de croiseurs complète cet ensemble, coupe et rejette le filon de Montevecchio et se prolonge dans les schistes et les granites. On peut signaler le *Pitzinurri à Is animas, le Crabulazzu* et *Saint Antoine*, dont la direction est N. 116 E., c-à-d. de O. N. 0. à peu près et qui est recoupé et rejeté lui même par un filon N. S. 5 à 10° E., dit de *la citerne* lequel n'est pas assez connu pour pouvoir dire s'il passe dans les granites.

D'autres au contraire semblent appartenir spécialement aux granits, mais ceux qui ont été étudiés, viennent tous croiser le Montevecchio et ont des directions assez variables. Il y a eu là une série de soulèvements secondaires dont on ne connait pas bien les âges, les travaux n'étant pas encore assez développés, et c'est à peine depuis un an que je connais la marche certaine de deux ou trois croiseurs; il n'y a du reste pas à se tromper en considérant seulement leur gangue, la nature du minerai et la manière dont il est disséminé.

Les filons dans les granits sont quarzeux et renferment beaucoup d'hydroxides de fer en forme de chapeau. Jusqu'à présent on les considère comme stériles, parceque trois recherches ont échoué, à *Perdixeddosu*, près d'*Arbus* et à *Biderdi*, où cependant il y a eu des traces de galène et du phosphate de plomb, le filon du *Crabulazzu* indique aussi quelques mouches de galène aux affleurements. Je suis assez porté à avoir peu de confiance dans ces gisements, mais c'est une opinion d'instinct et peut-être d'école, mais s'ils sont riches, ils ne le sont qu'en profondeur.

En résumé le filon de Montevecchio est le plus important de l'île, (voir la production par an des trois mines), c'est un vrai filon, il n'a qu'un défaut pour moi, c'est d'être trop puissant et quelquefois de nous faire trop chercher le minerai.

M'étant tracé de donner une idée succinte et générale de nos exploitations dans les principaux gisements, je prends pour type la mine d'Ingurtosu, non que Montevecchio ne soit plus important sous tous les rapports, puisqu'il comprend trois concessions, soit 6 kilomètres de longueur, que sa production soit plus considérable etc. etc., mais parceque la mine d'Ingurtosu m'est plus connue et qu'elle diffère peu du type principal, en outre je puis donner des renseignements exacts se rapportant non seulement à tout le filon, mais encore au mode général d'exploitation, de préparation mécanique etc.

On a souvent dit que nous étions fort en arrière comme exploitation et préparation mécanique et même comme administration, cela est fort exact en apparence, mais fort injuste dans le fond, que pouvait'on demander à des mines qui n'avaient que peu d'années d'existence, qui avaient dû lutter contre des difficultés de toute sorte, et surtout avec le manque de capitaux et lorsque tout sans exception devait être transporté à dos de cheval. Les routes et les sociétés riches ne sont pas venues du premier coup, et encore actuellement, ou nous avons l'un et l'autre, nous ne sommes pas sans éprouver de sérieuses difficultés.

DES LAVERIES OU PRÉPARATIONS MÉCANIQUES

Dans les premiers temps le plus clair de nos bénéfices était le traitement des anciennes décharges, nous avions pour tout appareil un morceau d'écorce de chêne liége, dans lequel on raclait les terres pour en tirer la galène abandonnée par les anciens. Ce travail se faisait à l'entreprise par les gens du pays et était *fructueux*. Comme les mines sont en montagne, on ouvrait pendant ce temps, des galeries, dites de rabais, pour arriver au filon, en dessous des anciens travaux, de logements on n'en parlait pas ou fort peu. Dès que l'on a commencé à produire, n'ayant ni cylindres broyeurs, ni boccards pour pulvériser les minerais mélangés, on employa de petits blocs de fonte sur lesquels des enfants écrasaient le minerai avec des marteaux, c'est ce que nous appellons le *pistage* (de *pestare* en italien), puis on imagina le crible sarde dont je donne ici une vue.

Ce crible servait de débourbeur, au moyen de la caisse centrale placée entre les deux cribles, de classificateur et de finiseur et produisait des galènes à 80 °/₀.

Gennamari, Ingurtosu et tant d'autres mines, n'ont eu pendant longtemps d'autres ressources. Comme complément il y avait un caisson allemand, pour traiter les sables des fonds de caisse des cribles fins. Cet appareil si barbare en apparence est ce que je connais de mieux adapté pour ce pays, lorsqu'on n'est pas en position d'établir une préparation mécanique. Comme crible il est supérieur à tous les autres systèmes, lorsque les matières ne sont pas classées et suivant leur nature.

L'appareil est simple, c'est une caisse en bois dans laquelle trempe un crible à main, suspendu à une corde attachée à un baton fiché dans le mur et qui fait ressort, la corde double en s'entortillant fait remonter le crible de l'eau, et vice versa. Une bonne cribleuse passe facilement un mètre cube de matière par jour, et c'est à elle de penser à la classification, à faire varier les secousses etc. Il y a en général deux batteries, la 1.ᵉʳᵉ, dont les toiles ont des mailles de 0ᵐ·, 007 de coté, sert de classificateur, produit des stériles, des 2.ᵉᵐᵉˢ et 3.ᵉᵐᶜˢ, et des fonds de cuves qui sont traités sur une 2.ᵉᵐᵉ batterie à mailles de 0ᵐ·, 001. Les 2.ᵉᵐᵉˢ *pistées* à la main, passent à la même batterie que les fonds et donnent des 1.ᵉʳᵉˢ des 2.ᵉᵐᵉˢ et 3.ᵉᵐᵉˢ, plus des fonds de cribles qui sont traités sur un caisson allemand, que 6 cribles n'arrivent même pas à alimenter. Le caisson produit beaucoup et laisse aussi échapper des schlamms. Les 2.ᵉᵐᶜˢ de la 2.ᵉ batterie, sont rarement criblables de nouveau, il faut les broyer, ce qui exige d'autres appareils que le marteau. — Il arrive quelquefois que l'on fasse de la 1.ᵉʳᵉ avec la batterie de 0,007, mais c'est plutôt rare. Je donne quelques détails sur cet appareil, car beaucoup de mines lui doivent leur existence, et grâce à la configuration du pays il est souvent difficile de transporter les minerais aux laveries, puis en huit jours, avec ce système, on a monté une préparation mécanique qui rend de très grands services, et qu'on peut établir dans tous les coins et ne nécessite que peu d'eau. Lorsqu'on a des troisièmes de 7 à 12 %, et des schlamms en assez grande quantité pour pouvoir payer une préparation mécanique complète il est alors temps d'y penser.

Je le répète, bien de mines n'ont été possibles qu' à cette condition, et s'il avait fallu attendre l'arrivée des machines à vapeur etc., bien des concessions n'existeraient pas; ce système nous a fait traiter de barbares, mais c'était le seul possible dans les principes et le seul adapté à la nature du terrain, qui ne permet souvent pas les transports pour des points très rapprochés.

A Ingurtosu il y a deux petites préparations mécaniques et une 3.ème sarde; je vais donner tout ce qui s'y rapporte et l'on jugera de l'utilité de cette dernière, mais je m'empresse de dire que Montevecchio emploie plus de cribles sardes que nous autres, et que tant que les cribles, dits anglais, ou mécaniques, ne sont pas mus par une machine ils produisent moins, font des minerais moins riches et coutent plus cher que notre méthode primitive, laquelle s'adapte surtout lorsqu' il n'y a pas de classification, et c'est là le point important et qui fait sa supériorité pour nous.

Préparation mécanique d'Ingurtosu ou Is Animas; renseignements pris sur le 2ᵉ semestre 1866, cet atelier se compose:

Iᵒ D'une machine à vapeur verticale de 10 chevaux et 2 chaudières, chauffée au moyen de broussailles et consommant de 1500 à 1600ᵏ par jour, à 8ᶠ la tonne, soit 12ᶠ

II° 2 paires de cylindres broyeurs, un pour gros et l'autre pour fin et un débourbeur classeur pour gros, rarement en activité.

III° Trois trommels classeurs.

IV° 7 Cribles mécaniques à chocs produits par des cames.

V° 7 Cribles anglais à bras d'homme.

VI° 2 Caissons allemands.

En projet deux tables à secousses pour schlamms. Production du semestre, $518,112^k$ galène 1ère qualité, $73,800^k$ 2ème qualité.

Prix de revient de la préparation mécanique d'une tonne de minerai, $24^f, 49^c$.

Il reste encore des schlamms à traiter.

LAVERIE SARDE DE MARIE THÉRÈSE.

1° Atelier de broyage à la main.

II° 9 Cribles sardes.

III° Un Caisson allemand.

Un crible passe un mètre cube par jour et produit de 4 à 500^k de minerai dans le même temps; un caisson allemand donne 3 tonnes par semaine.

Production, $268,700^k$ de $1.^{ères}$ et $35,100^k$ $2.^{èmes}$

Prix de revient à la tonne, $25^f, 26^c$.

Il reste en dépôt les $3.^{èmes}$ et les schlamms.

PRÉPARATION MÉCANIQUE DE CASARGIU

I° Une machine de 8 chevaux, horizontale, avec 2 chaudières, chauffée au moyen des broussailles, consommant 1300^k broussailles à 7^f la tonne.

II° Une paire de cylindres broyeurs et chaine à godets.

III° 2 trommels classeurs.

IV° 8 Cribles mécaniques.

V° 3 Caissons.

VI° 3 Pompes pour remonter l'eau que l'on reuceille dans des réservoirs.

Les schlamms ne sont pas traités.

Production du semestre, 359,685$^{k.}$ de 1.ères et 69,150$^{k.}$ de 2.^{émes}

Prix de revient par tonne 22$^{f.}$, 11$^{c.}$

On voit par cette multiplicité de préparations mécaniques, sur une longueur de 1700$^{m.}$ seulement, de la difficulté des transports, occasionnée par la configuration du terrain, le filon coupant en travers une série de contreforts venant aboutir aux crêtes de Montevecchio, *Jenna Serapis*, *Intillonis*, *Crabulazzu*, sommets élevés qui limitent le plateau granitique d'Arbus.

Je donne ici le tableau des trois préparations mécaniques de cette mine, pour faire juger de l'importance de nos petites préparations sardes, au point de vue de la nature de nos minerais. Notre galène est généralment compacte et par le scheidage on en fait déjà une quantité assez grande et l'on a généralement à *pister* que des matières assez riches; naturellement pour ce qui est pauvre, il ne faut pas y penser, comme pour ce qui est des 2.èmes blendeuses des cribles et avoir recours alors aux broyeurs mécaniques.

PRÉPARATIONS mécaniques de la mi

Localités	Qualité DES OUVRIERS	Nationalité	
		ÉTRANGERS	SARDES
INGURTOSU OU IS ANIMAS . .	Triage		29
	Broyage, garçons . .		17
	Id. filles. . .		41
	Transports, garçons . .		17
	Id. filles . . .		42
	Mécanicien	1	
	Chauffeur		1
	Approcheur de bois . .		1
	Scieur de bois . . .		2
MARIE THÉRÈSE (*laverie sarde*)	Triage		22
	Broyage, garçons . .		14
	Id. filles. . .		28
	Transports, garçons . .		14
	Id. filles . . .		29
SERVICES DIVERS . . .	Maîtres ouvriers . . .	2	6
	Manœuvres . . .		10
	Gamins		4
	Femmes		6
LAVERIE CASARGIU . . .	Triage	3	26
	Broyage garçons. . .		11
	Id. filles . . .		7
	Transports, garçons . .		11
	Id. filles . . .		8
	Mécanicien	2	
	Chauffeur		1
	Aide id.		2
SERVICES DIVERS . . .	Maîtres ouvriers . . .	4	5
	Manœuvres . . .		4
	Gamins		2
	TOTAUX . .	12	360

gurtosu - Ouvriers, salaires, etc.

[NOM]BRE PAR MOIS	SALAIRES MOYENS	QUANTITÉS DE MATIÈRES passées PAR MOIS	PRODUCTION moyenne PAR MOIS	Observations
	Francs			
	1, 53			*Dans les filles on comprend*
	0, 65			*aussi les cribleuses, qui gagnent*
46	0, 66			*de 1f 25 à 1f. 50 par jour.*
	0, 65			*Les petites filles et petits*
	0, 66	168 m3	91,802 k.	*garçons qui portent sur la tête,*
	3, 00			*gagnent 0f. 40 à 0f. 60 au maxi-*
	1, 50			*mum.*
5	1, 25			*Le scheidage ou triage se fait*
	1, 50			*beaucoup à l'entreprise.*
	1, 68			
	0, 80			
07	0, 72	88 m3	58,421 k.	
	0, 80			
	0, 72			
	2, 90			*A Gennamari il y a une la-*
23	1, 68			*verie sarde, mais qui est donnée*
	0, 90	»	×	*à l'entreprise, à raison de 5f. le*
	1, 10			*quintal métrique de 1.ère, 2f. la*
				2.ème, ce qui est provisoire.
	1, 78			
	0, 82			
36	1, 00			
	0, 82			
	1, 00	128 m3	64,742 k.	
	de 5f. à 3f.			
5	1, 50			
	1, 25			
	3, 20			
15	1, 50	»	»	
	1, 00			
12		384 m3	214,965 k.	

Notes manuscrites dans la marge de droite (calculs) :

```
44.37
11.05
27.06
11.05
27.72
3 —
1.50
7.25
3 —
———
130.00
36.96
11.20
20.16
11.20
20.88
———
100.40
23.20
16.80
3.60
6.60
———
60.20
51.62
9.02
7. ×
9.02
8 —
8 —
1.50
2.50
———
96.66
28.80
6. —
2
———
36.80
———
424.06
```

Note manuscrite au bas du tableau : *environ 5 60 k de matière produite par m3 de [minerai] passé* — 424.06

Note manuscrite en bas de page : *L'[illegible] en 24 jours, q.124 k. ce qui ferait 46,47 par T., [illegible] pour la main d'œuvre !*

TRAVAUX DE MINES

Dans ces mines ainsi qu' à Montevecchio, les travaux ne sont pas encore arrivés au dessous du niveau des vallées; les attaques sont faites au moyen de galeries « dites de rabais », soit à travers bancs, soit dans le filon même, elles sont généralement distantes l'une de l'autre en hauteur verticale de 25 à 30ᵐ·

L'exploitation est faite au moyen de galeries dans l'allongement du filon, à chaque niveau, et reliées entre elles par des fourneaux distants, d'une trentaine de mètres environ, où pour mieux dire l'écartement en est règlé par les nécessités d'aérage et d'exploitation: Les massifs entre les fourneaux sont abattus par gradins droits ou renversés, mais généralement ils sont explorés, pour voir s'il y a convenance à exploiter, par des galeries dites intermédiaires, qui servent, si le minerai existe, à amorcer les gradins. Les vides sont ensuite généralement remblayés, soit avec des emprunts, soit avec les matériaux provenant de l'abattage des salbandes, abattage qui se fait complètement avant de toucher la partie métallifère. Je ne puis m'étendre sur ce sujet car nous faisons comme on fait partout, la mine d'Ingurtosu peut être considerée comme le type des exploitations dans les filons quarzeux, et laisse peu à désirer.

Toutes les galeries principales sont munies de chemin de fer et de vagons en tole. Le développement des travaux est déjà fort considérable et sous peu on aura à penser à l'établissement de puits. L'ensemble des divers avancements, monte par an à environ 700ᵐ·, ce qui indique, que si on exploite, on pense aussi sérieusement à l'avenir.

Les galeries ont $2^{m\cdot}$ 10 de haut sur $2^{m\cdot}$ de large; dans les quarzs (en filon), comme dans les schistes à travers bancs, le prix moyen du mètre courant est de 80 francs, plutôt même 90 francs.

L'abatage dans les gradins revient:

Section Ingurtosu à $22^{f\cdot}$ $37^{c\cdot}$ le mètre carré.

Section Casargiu à $13^{f\cdot}$ $02^{c\cdot}$ id.

Mine de Gennamari à $25^{f\cdot}$ 00 id.

La proportion des parties stériles par rapportaux parties métallifères est à

Ingurtosu le $5.^{ème}$ de minerai sur $45.^{ème}$ de stérile

Casargiu 4 id. 34 id.

Gennamari 5 id. 45 id.

Ou mieux, la quantité de gâlène par mètre carré en moyenne est à

Ingurtosu de $340^{k\cdot}$

Casargiu $309^{k\cdot}$

Gennamari $312^{k\cdot}$

OUVRIERS *employés à l'intérieur, moyenne du semestre du 1.ᵉʳ Juillet au 31 décembre 1866.*

NOMS des Mines·	QUALITÉ des Ouvriers	QUANTITÉ par mois	ÉTRANGERS	SARDES	PRIX moyen PAR JOUR		Observations
Ingurlosu . . .	mineurs	99	65	54	4f.	57c.	Tous à l'entreprise.
Section Ingurlosu . .	manoeuvres	27	6	»	2	50	Compris quelques travaux de boisage.
»	»	»	»	21	2	00	
Section Casargiu .	mineurs	59	50	29	4	16	
	manoeuvres	16	4	12	2	12	
	Totaux	201	105	96	»	»	
Gennamari . .	»	»	»	»	»	»	
Id. . . .	mineurs	22	17	5	4f. à 4	65c. 80	A l'entreprise.
»	»	»	»	»	4	80	
»	manoeuvres	11	2	9	2	00	
	Totaux	55	19	14	»	»	

Les mineurs sont divisés par compagnies de 6 hommes, au minimum; le travail règlementaire est de 8ʰ·, mais il est rare qu'un homme ne fasse pas 10 ou 12ʰ· par jour, et quelquefois plus, ce qui porte le taux de la journée à un prix très raisonnable. Ingurtosu, est la mine qui en apparence semble payer le plus ses ouvriers, mais qui en résultat dépense le moins par tonne de minerai, quoiqu'étant bien inférieure en richesse à plusieurs de ses voisines.

Les sardes sont généralement disséminés dans les compagnies étrangères, cependant il y a quelques compagnies de sardes, mais fort peu d'entre elles arrivent à gagner autant que les premières.

Le prix de revient de 100ᵏ· de minerai est en moyenne de

Pour l'abatage 7ᶠ· 33
Préparation   2ᶠ· 17
Transports   1ᶠ· 70

———

Total 11ᶠ· 20

On voit qu'il reste une large marge pour les travaux préparatoires et les frais généraux, soit près des deux tiers.

Ces mines ont une caisse de secours et un hôpital, construit aux frais de l'administration, hôpital qui ne laisse rien à désirer et qui est le premier qui ait été construit en Sardaigne.

MINE DE MONTEVECCHIO

N'ayant pu compléter en temps et lieux les renseignements sur Montevecchio, et voulant éviter, de crainte d'erreurs, d'y suppléer par ce que je sais, je donne seulement l'état du personnel pour le mois de Janvier 1867.

L'exploitation de cette mine est analogue à celle d'Ingurtosu; dans la région Montevecchio il y a quelques différences, le filon n'ayant pas de salbandes distinctes, et le minerai arrivant à des puissances de 4^m, plus ou moins pur ou mélangé dans le quarz, ce qui a conduit à des abatages par gradins droits fort curieux à voir. Le système d'exploitation n'a pas encore acquis un ensemble complet et unique, mais actuellement on y tend sérieusement.

La production peut arriver à un chiffre considérable, et tout me porte à croire que d'ici à peu d'années, peu de mines, même d'Europe, pourront rivaliser avec elle. Les travaux se font plutôt à la journée, et principalement avec des sardes, et quoique les quarzs des filons soient fort durs, malgré cela les prix de revient sont assez élevés.

Le nombre des ouvriers pour le mois de Janvier 1867, était, pour les travaux intérieurs, de 413 mineurs dont 313 Sardes; 168 étaient à l'entreprise et gagnaient en moyenne 3^f par jour, au maximum, 245 à la journée de huit heures, à raison de 2^f 50, plus:

144 Manoeuvres à la journée à 1^f 75
26 id.   à l'entreprise à 1^f 75 environ
11 Boiseurs   id.   à 3^f 00
14 Porte fers à la journée à 1^f 10
9   id. à l'entreprise à id.
4 Maçons   à 3^f
17 Forgerons   à 3^f
17 Enfants aux soufflets à 0^f 80 à 0^f 90.

Soit un total de 658 individus, ou trois fois plus qu'à Ingurtosu; il y a à ajouter à ce chiffre 3 chefs mineurs et 7 caporaux.

PRÉPARATION MÉCANIQUE

La préparation mécanique se subdivise comme à Ingurtosu en une prépartion mécanique mue par la vapeur, et en deux laveries sardes, la première produit des minerais dits de laverie et les autres, dits de chantiers. L'eau est assez rare et on est obligé de la recueillir dans des bassins, d'ou elle est pompée et rejetée de nouveau sur les appareils. Cet établissement est le premier qui ait été fait dans ce genre en Sardaigne, tous les autres lui sont de beaucoup postérieurs, il se compose:

D'une machine fixe horizontale de la force de 23 chevaux, chauffée au moyen de broussailles.

2 paires de cylindres broyeurs.

2 boccards, ayant ensemble 20 pilons.

· 8 tables jumelles.

34 cribles sardes, les cribles mécaniques ayant été supprimés.

Ici comme à Ingurtosu on traite surtout les 3.èmes, ou minerais ne pouvant être préparés par la méthode sarde à cause de leur pauvreté, et même des secondes. La production du mois de janvier 1866 a été de 135 tonnes 800k·, ce minerai est en général assez pauvre, 64 °/₀ environ de plomb, fort blendeux et de fusion difficile, la teneur en argent varie de 40 à 60 grammes. La production du minerai de chantiers a été de 318 tonnes 100k·, minerai bien supérieur au précédent, car il a au moins 75°/₀ de plomb et la teneur en argent s'élève jusqu'à 72 et 82 grammes pour 100k· minerai.

Le personnel de la laverie mécanique était de
5 personnes au service de la machine.
17 manœuvres pour alimenter les boccards, transports
des schlamms et divers, à raison de 1ᶠ· 75
   3 forgerons ajusteurs   3ᶠ· 00
   1 enfant au soufflet   0ᶠ· 60
   4 menuisiers   3ᶠ· 00
   6 hommes aux boccards   3ᶠ· 00
   4 chauffeurs   2ᶠ· 00
   1 surveillant

41 en total.

LAVERIES SARDES

Plateau Montevecchiö. Cette laverie contient 12 cribles
sardes et un caisson allemand, le personnel est de
   72 manœuvres aux transports du gros, à son cassage
   etc., à raison de   1ᶠ· 50
   52 garçons au triage et *pistage* 0ᶠ· 80
   43 filles   id.   0ᶠ· 80
   3 femmes aux cribles   1ᶠ· 10
   16 filles   id.   1ᶠ· 10

186 Total du personnel
Plateau sainte Barbe, 8 cribles, deux caissons. On ne
traite sur ce point que les minerais très riches, les 2.ᵉᵐᵉˢ
et les 3.ᵉᵐᵉˢ sont portées à la préparation mécanique, on
emploie:

2 manoeuvres

50 garçons au triage et *pistage*

33 filles   id.

7 femmes aux cribles

10 filles   id.

Total 102

Les prix sont les mêmes que plus haut.

En plus de ce personnel, sont affectés aux services divers

13 manoeuvres à   1^f· 50

18 maçons   2^f· 85

2 chaufourniers   3^f· 00

35 terrassiers aux routes   2^f· 00

6 individus aux magasins

4 forgerons serruriers

4 enfants

1 ferblantier

11 menuisiers

1 tonnelier

11 charretiers

2 garçons d'écurie

Total 107

Auquel il faut ajouter 7 caporaux de laverie. En résumé le personnel intérieur de la mine de Montevecchio monte à 665 individus, le personnel extérieur à

443 presque tous sardes, ce qui fait un total

de 1108 individus.

La production totale du mois de Jánvier a été de 453 tonnes 900^k·, et le prix du quintal de minerai rendu à Cagliari, de 23 à 24 francs, en y comprenant tous les frais, sans exception, faits en Sardaigne. Ce minerai étant riche en argent il y a encore un fort bénéfice, surtout en raison de la grande production. Grâce à d'importantes améliorations en voie d'exécution, ces prix devront diminuer sensiblement et les quantités augmentant toutes les années, il y aura là une brillante affaire.

Je dois faire observer que tous les renseignements que je donne dans le cours de cette notice, proviennent de l'obligeance des divers directeurs de mines, et pour les exploitations que je dirige, des livres mêmes, j'ai donc tout lieu de croire à une exactitude assez grande.

Sur le prolongement du filon de Montevecchio, dans la commune de Flumini Maggiore, il y a encore des filons fentes donnant de la galène, soit à gangue quartzeuse, soit à gangue de fluorine, comme Perda di Fuoco, mais comme il n'y a que des recherches peu importantes, ou abandonnées, il serait inutile d'entrer dans des détails à cet égard.

Mine de Sa Marigosa de Susu, commune de *Teulada*, cette mine n'est encore qu'à l'état de recherches, mais le filon étant reconnu par ses affleurements sur près de 6 kilomètres, je crois devoir en faire mention. La gangue est quartzeuse, la puissance moyenne de 1^m· La direction générale est S. E. 15° N. O., et l'inclinaison N. E. 75°. Le filon se présente par zônes (suivant un plan vertical) d'appauvrissements et de richesses.

La roche encaissante est le schiste silurien fortement redressé par les granites, ce qui lui donne une grande analogie avec le filon de Montevecchio. Le minerai contient 64 °/₀ de plomb et 1774 grammes d'argent à la tonne de plomb.

Mine de Monte Zippiri. Ce filon est assez intéressant et il a donné lieu à une concession. Sa direction est N. 75° E. son inclinaison 15° S.

La gangue est le sulfate de baryte, ou la galène se trouve disseminée en rognons ou patates, il semblerait cependant qu'en profondeur le quarz commence à apparaître.

Ce gisement est assez curieux, car au toit, on a les schistes anciens ou siluriens, au lit, une petite couche de schistes argileux, puis des grès pliocènes qui reposent dessus. Il paraîtrait que les schistes ont été détruits par l'action des eaux puis remplacés par le terrain tertiaire. Le sol est du reste peu accidenté et les grès sont au pied de la colline on se trouve le filon.

Cette mine présente un étalissement sérieux, et c'est le seul point on il y ait une machine d'épuisement à vapeur.

Il y a encore quelques filons à gangue de sulfate de baryte, comme *Zurufusu*, au cap de la *Frasca* etc. mais ils ont donné lieu à peu de travaux. Dans les condictions actuelles le district d'Iglesias ne présente plus de filons fentes à base de galène, sur lesquels il y ait des travaux intéressants.

Le district du Sarrabus, que les anciens nous donnent comme fort riche en argent, renferme quelques filons dont les principaux sont,

Gibbas, mine concèdée, mais dont les travaux ont été suspendus par suite d'une inondation, vers 1855.

La direction du filon est E. N. E., il était assez riche en fort belle galène, jouissant de la 1.ᵉʳᵒ cote, mais les difficultés d'exploitation étaient considérables, car on devait travailler sous un étang et lutter contre l'air qui est fort mauvais sur ce point; j'ai donné statisque **A** les productions de cette mine.

Il y a en outre deux concessions abandonnées, par suite de la pauvreté du minerai rencontré dans le peu de travaux qui y ont été faits; ce sont les mines de *Peddi attu* et *Perd'Arba*. Il y a là d'immenses filons de quarz mais ou la galène n'a encore été trouvée qu'en mouches disséminées dans la gangue.

Mine de Monte Narba, le filon dont la direction est N. 30° O. — S. 30° E., n'a encore donné lieu qu'à un permis de recherche, mais il présente un grand intérêt à cause de sa richesse en argent, et par l'argent natif qui se trouve disséminé dans la fluorine.

La roche encaissante est le schiste silurien, la gangue contient du spath-fluor, du carbonate de chaux, des argiles et peu de quarz. Jusqu'à présent la galène ne s'est trouvée qu'en petite quantité, mais c'est surtout la gangue qui est riche, l'argent s'y distingue souvent même à l'oeil nu, c'est le seul exemple de ce genre que nous ayons en Sardaigne, la roche encaissante contient même des traces de ce métal.

Diverses analyses et ventes de minerai ont donné des résultats assez importants, ainsi

1° pour 41^k plomb sur 100^k de minerai
    on a eu   1^k 802 grammes argent
2° 57^k 1^k 070
3° gangue sur 100^k 2^k 750
4° 54^k plomb   3^k 110 etc.

La roche encaissante donne aussi quelques grammes.

Jusqu'à présent la production a été peu considérable, quelques tonnes de temps en temps, mais les travaux entrepris actuellement font espérer des résultats.

En général, les filons de galène peuvent être considérés comme abandonnés dans cette région, malgrè que ceux de blende soient très recherchés en ce moment. Comme on vient de mettre main à la route du Sarrabus, il est indubitable, qu'avant peu, bien des travaux abandonnés seront repris avec activité et de nouveaux seront entrepris.

Le district de Cagliari, est fort peu intéressant en ce moment pour les filons qui nous occupent, quelques recherches ont été entreprises mais sans résultats, il est vrai que l'on a fait fort peu de chose.

A *San Andrea*, on remarque deux filons parallèles, dont la direction est N. S., leur puissance est d'environ 1^m, ils sont dans des terrains schisteux et granitiques.

Le filon de *Riu Menga*, qui a la même direction, est aussi dans les mêmes terrains granites et schistes anciens.

A *Donori*, il y a un filon à gangue de sulfate de baryte et quarz, dont la direction est E. O., cette mine s'appelle S'*Ortu Becciu* et parait devoir donner quelques minerais de galène, le terrain encaissant est le granite.

En somme il faut attendre quelques travaux pour pouvoir se faire une idée de ces gisements qui du reste ne semblent pas présenter un grand intéret.

Le district de Lula, est riche en gisements du genre de ceux que nous examinons, là il y a de véritables filons fentes, et des champs de fracture aussi bien déterminés que du coté de Montevecchio; on a à faire à un système complet de filons, et malgré la pratique que j'ai eu de cette localité, j'hésiterai à entrer dans l'étude de l'âge de ces différents filons, et je doute que même actuellement on soit en état de le faire.

Avant de parler de ces mines, je dois citer la concession de *Correboi*, qui, quoiqu'abandonnée, n'en présente pas moins un certain intéret, soit par sa position, la nature de la gangue et l'appauvrissement qu'on a cru constater en profondeur, appauvrissement partiel, selon moi, et qui n'a pu m'empêcher de proposer des travaux de recherches à des niveaux inférieurs. La direction du filon est N. N. O.-S. S, E., et l'inclinaison O., la gangue est toute de spath-fluor, la galène à grandes facettes et de la plus grande pureté.

Cette mine est située sur la plus haute montagne de l'île, le *Jenna Argento*, au centre de la Sardaigne, dans un bon climat, il est vrai, mais à une distance assez forte de la mer; les transports jusqu'au port de Tortoli coutaient alors 60^f· la tonne, mais à présent les conditions seraient meilleures.

Le minerai est d'excellente qualité sous tous les rapports, et j'attribue l'abandon de cette affaire à des causes tout à fait séparées de sa position et de la stérilité relative, rencontrée en profondeur.

En revenant aux environs de *Lula*, je dois citer en première ligne, la mine de l'*Argentière*, gisement fort analogue à celui de *Correboi*, mais cependant moins riche en fluorine. On a trouvé dans cette concession, une colonne fort importante de minerai que l'on s'est empressé d'exploiter, les travaux de recherches et de préparations entrepris, sont arrivés un peu trop tard et on a suspendu l'exploitation parceque l'on a voulu, peut-être en jouir trop vite, et surtout parcequ'on s'est découragé trop-tôt.

Le minerai est de 1.ère cote, et l'exploitation peut se faire à très bon marché, la roche étant peu dure et les ouvriers qui fréquentent cette localité (des Génois) travaillant à des prix très bas.

Là, comme à Correboi, la concentration de la galène semble s'être portée aux affleurements, mais comme les travaux faits jusqu'à ce jour, tant d'un côté que de l'autre, sont insignifiants comme profondeur, rien ne prouve que les colonnes de minerai ne se retrouvent pas plus bas.

La direction du filon principal, est N. O-S. E., presque vertical; la gangue est formée de quarz et de fluorine, la galène est associée plus particulièrement avec cette dernière, et en profondeur si elle diminue en quantité, elle n'est pas remplacée par la blende comme il arrive fréquemment dans ce district. La richesse en argent est faible, 29 grammes par 100^k de minerai, mais on obtient facilement des galènes à 76 % de plomb, et la préparation mécanique des 3.èmes se fait sans aucune difficulté.

Des travaux assez importants ont été exécutés, soit comme routes, maisons et galeries, ainsi qu'une petite préparation mécanique composée de retters, (cribles classificateurs à secs et à secousses,) quelques cribles à secousses à main et des caissons allemands. Elle remplissait parfaitement son but sous le rapport des produits et de l'économie, grâce à la nature du minerai.

Je dois faire observer qu'en fait de préparations mécaniques, dans un pays, comme celui-ci, ou les difficultés sont nombreuses, les capitaux rares et les mines à leur principe, vouloir préparer de suite les minerais comme en Allemagne et tendre à en perdre le moins possible, reviendrait probablement beaucoup plus cher que ce que nous faisons en général; du reste dépenser une centaine de mille francs en constructions de ce genre étaient pour nous, il y a encore peu de temps, une chose parfaitement impossible, et nous considérions l'établissement d'une machine fixe comme une presque impossibilité.

Dans ce district le terrain peut être attribué à la formation silurienne, la seule qui pour nous soit métallifère, cette dénomination est un peu large, mais il est assez difficile de classer exactement les schistes et calcaires anciens, lorsqu'on n'a pas le secours des fossiles.

Mine de Gosurra, en voie de concession. Cette affaire a éprouvé différentes péripéties ainsi qu'on pourra en juger des tableaux annexés, cela a tenu, à ce que dans les premiers temps on a exploité un système de

filons contenant aux affleurements de la galène et en profondeur de la blende, et pour d'autres raisons qui nous
sont spéciales. Lors de la reprise des travaux on a attaqué
un filon parallèle à celui de l'Argentière, et ce avec plein
succès, non seulement on trouva de la belle galène, mais
encore en assez grande quantité et tous les*jours la production va en augmentant d'une façon très marquée, on
croit même cette année arriver a 6000 tonnes.

Les renseignements spéciaux me manquent sur cette
affaire, je n'en ai que de généraux, basés sur mes souvenirs
et sur des notes officielles.

La direction du filon de galène est N. E-S. O., l'inclinaison S. O., la gangue est composée de quarz et de fer
spathique. Un second filon, trop riche en blende, est dirigé
N. S., inclinaison O. 55°; il y en a encore un troisième à
gangue de fluorine dont la direction est N. O-S. E.

Cette mine prend de l'importance, mais ne présente
encore rien de remarquable comme travaux.

Mine de Sos Enattos, concession; ici encore il y a
eu de fort mécomptes, les affleurements se sont montrés
riches en galène, dans certains filons, mais en profondeur,
ou le plomb a disparu, ou il a été remplacé par la blende,
et certains filons ne sont réellement que des gisements de
blende, aussi dans ces derniers temps on a dû réduire les
travaux. Les premières galènes étaient fort belles et ressem-
blaient à toutes celles de ce district.

On compte 7 filons, celui *des travaux anciens* qui a
donné de la galène puis de la blende, dont la direction
est N. E.-S. O., inclinaison S. E. 40° à 45°; gangue
composée de quarz, de schistes argileux et d'un peu de
fluorine. Le filon *Cavel*, presqu'entièrement blendeux, à gangue
de quarz et dont la direction est O. O. N-E. E. S., inclinaison O.O.S. Le filon *Guiellmina*, N. O-S. E., inclinaison S.O.

80°, gangue plutôt schisteuse et de fluorine, belle galène mais appauvrissement en profondeur, analogue à l'Argentière. Ceux-ci sont les principaux filons de cette mine.

Puis vient le filon remarquable de cette localité, celui d'*Interattas*, complètement quarzeux et d'une puissance considérable, reconnu par ses affleurements sur plusieurs kilomètres.

Sa direction est E. O., vers Lula dans les environs des filons de *Figu Ruja*, champ d'exploitation de Gosurra, il s'incline vers le S. E. C'est plutôt un dicke qu'un filon, et jusqu'à présent les recherches qui ont été faites n'ont rien donné de sèrieux.

Tous les filons dont j'ai parlé plus haut, sont d'une puissance médiocre, de 1$^{m\cdot}$ à 2$^{m\cdot}$ au plus et sont loin d'avoir toujours des affleurements aussi marqués que celui d'*Interattas*.

Pour mémoire je citerai encore les filons de *Funtana Vermicosa*, *Torpé* etc.

Jusqu'à présent, on peut dire que les gisements à gangue de fluorine sont fort riches aux affleurements et beaucoup moins en profondeur. On peut remarquer aussi que les filons de galène pure, affectent en général, la même direction et que ceux spécialement blendeux semblent s'en écarter.

Nous avons encore une série importante de filons fentes à base de blende, plus ou moins mélangée de galène, mais je reporte leur description aux mines diverses, quoiqu'on pourrait très bien les mettre à la suite de ce chapitre, si on les considère, non au point de vue du minerai, mais bien à celui de la nature du gisement.

FILONS DE CONTACT

L'exploitation des contacts des schistes et des calcaires a pris une importance considérable depuis peu d'années, et semble en outre appelée à un grand avenir. Toutes ces mines sont quant à présent concentrées autour d'Iglesias, elles peuvent se subdiviser en deux catégories.

1° Les filons E. O., donnant des galènes pures.

2° Les filons N. S., galènes, carbonates et calamines.

Comme type des premiers, je prendrai la mine de *San Giovanni*, mine concèdée. Avant d'arriver au minerai, on rencontre d'abord, les schistes violets argileux de formation silurienne, les schistes calcaires, les calcaires blancs, les calcaires jaunes cristallisés, les calcaires jaunes dendritiques non cristallisés, puis le minerai, ensuite une espèce de salbande de schistes argileux, les calcaires blancs bleuâtres et un 2.ème filon accompagné de calcaires jaunâtres, puis les calcaires blancs bleus, les amas de Ste Barbe etc.

La direction générale est E. O., ou plutôt E. 2° 30', l'inclinaison N., faisant 80° avec l'horizontale ou 10° avec la verticale.

La galène est pure et concentrée en colonnes plongeant à l'Est, faisant avec la verticale un angle de 30° à 36°; ces colonnes sont connues sur 20^{m.} et 60^{m.} de profondeur, actuellement. Il y a un grand croiseur N. S. (direction générale) composé de quarz, c'est le dicke quartzeux qui traverse tout le pays.

On rencontre aussi dans les calcaires des amas de galène dont la direction est environ E. O., principalement dans la région dite Ste Barbe, mais jusqu'à présent on n'a pu constater aucune régularité dans ce genre de gisement.

La mine de San Giovanni est célèbre par l'énorme quantité de .travaux anciens, romains et pisans que l'on y remarque, et surtout par leur profondeur.

On a attaqué généralement sur des parties vierges, les premiers exploitants s'étant occupés plus principalement des amas dans les calcaires. Les travaux ne sont pas encore très développés et malgré cela la production est considérable, on tend du reste à les étendre de plus en plus et il y a bon espoir d'arriver à de beaux résultats.

L'exploitation en colonnes produit 796^k· par mètre cube; les minerais tels qu'ils sortent de la mine, après avoir subi un cassage et un triage à la main, sont transportés à la laverie de *Gonnesa*. On produit environ par mois de 300 à 350 tonnes de minerai de premières à 75 °/₀ en plomb et 28 grammes argent, 1200 tonnes de minerai de 3.eme, contenant 10 à 12 °/₀, qui une fois traités à *Gonnesa*, rendent environ 170 tonnes de minerai à 65 °/₀ de plomb et 26 grammes argent.

Le personnel est composé de

Mineurs sardes   75   à 2^f· 70 en moyenne (à l'entreprise)
  id. étrangers 210   à 3^t· 50   id.
Ouvriers divers 100   à 1^f· 20   id.
Manoeuvres   18   à 2^f· 75   id.

———

Total 403

Auxquels il faut ajouter les ouvriers spéciaux, forgerons, menuisiers etc.

LAVERIE DE GONNESA

Cet établissement traite les minerais de San Giovanni et de Monte Cani, autrefois les 3.emes de Monteponi.

Il se compose, d'une machine à vapeur de la force de 18 chevaux, consommant des lignites et de la houille.

Une paire de cylindres broyeurs, de $0^m\cdot$ 75 de diamètre sur $0^m\cdot$ 35 de longueur.

12 Cribles à secousses, dits cribles anglais.

1 *Propeller* pour concentrer le minerai.

2 Trommels classeurs.

4 *Round boddles.*

4   Id.   en construction.

15 Tables dormantes.

2 Cribles à main.

Le personnel est de 125 individus tous sardes, il n'y a rien de particulier à dire sur les prix.

Le contingent de la mine de *Monte Cani*, est par mois de 64 à 68 tonnes de premières et de 100 à 120 tonnes de 3.èmes à 12 $^\circ/_\circ$. Maintenant il faut ajouter la production de la mine de *San Giovanni* d'*Iglesias*.

Il ne faut pas oublier que toutes les premières sont produites sur les mines par un simple triage et cassage à la main.

La préparation mécanique de tous ces minerais est excessivement facile, car l'on n'a affaire qu'à des galènes pures et à des calcaires plus ou moins ferrugineux, magnésiens et siliceux; aussi les appareils, surtout les cribles, sont d'un tout autre système que ceux employés à Ingurtosu, où on a dû y renoncer.

Le choix de *Gonnesa* pour la laverie a été déterminé par le manque d'eau sur les mines.

La concession de Reigraxius, abandonnée pour le moment, est comme la précédente située entre les calcaires, et les schistes siluriens, la direction est à peu près E.-O.

La galène a été rencontrée entre un lit d'argile ferrugineuse, et est concentrée principalement en colonnes ayant une inclinaison de 25° à 30°, leur puissance est de 50 à 60 centimètres et inférieure à celle de San Giovanni. Dans les argiles on rencontre aussi quelques patates de galène. Le minerai obtenu par le triage rendait 74 à 76 % et 7 grammes d'argent.

Cette mine pourrait être reprise.

FILONS DE CONTACT N. S.

Pour le moment toutes les exploitations sur ces gisements, sont concentrées dans le *Salto* de *Gessa*, il y en a déjà un nombre important et plusieurs points sont encore à entreprendre. Je regrette que les travaux ne datent que depuis peu de temps, ce qui me met dans l'impossibilité de m'étendre autant que mérite ce sujet.

Le contact des schistes et des calcaires siluriens, de cette localité, n'est pas aussi franc qu'à San Giovanni, c'est plutôt une zône quelquefois assez large, comme à *Canale Grande*, composée de bancs de schistes plus ou moins modifiés et plus ou moins calcaires, de bancs calcaires jaunes (dits métallifères), de calcaires blancs et même de grès calcaires. Entre ces bancs se trouvent les minerais, ils sont à peu près étagés dans la disposition indiquée pour San Giovanni, c. à. d. qu'après les schistes, on rencontre les schistes calcaires, des calcaires colorés, des argiles ou schistes argileux décomposés, formant salbandes, le minerai, puis des calcaires blancs et une nouvelle bande de schistes calcaires, le minerai, puis souvent les grès calcaires immédiatement après. Quelquefois comme à *Acquaresa*, et sur de très grandes longueurs, on rencontre, plus particulièrement dans les schistes, des filons N. S., de fer oligiste, analogue à celui exploité le long de la *Meuse*.

Il y a aussi des amas de plomb dans les calcaires, qui constituent des gisements irréguliers.

Le contact le mieux caractérisé est le filon de Masua, dit Podesta, on croit qu'il part de la *Saccarocia* mine au dessus de *Fontanamare*, qu'il passe à *Nebida* dans la galerie *Berthe*, puis à Masua et fort probablement à *Acquaresa*; c'est une longueur de plusieurs kilomètres, la puissance arrive quelquefois à 30^m.

Le gisement de *Canale Grande* appartiendrait à un 2ème contact. Celui de *Podesta* traverse aussi la région des fers oligistes.

Le minerai est assez complexe et appartient principalement aux carbonates de plomb mélangés plus ou moins de calamine; le carbonate affecte tous les états, amorphe, scoriacé, cristallisé, en poudre blanche impalpable disséminée par veines, poches ou autres dans la gangue du filon; il y a aussi des galènes, mais plus particulièrement à Masua et à Nebida.

La calamine plus ou moins mélangée de carbonate de plomb, est scoriacée, ou en poudre, mais assez fréquemment associée à l'hydroxide de fer.

Les parties métallifères ne sont pas disséminées régulièrement, mais bien concentrées sur certains points en espèces de colonnes plus ou moins puissantes; les parties stériles sont remplies par de l'hydroxide de fer de différentes couleurs, mais plus ou moins imprégnées de matières plombeuses ou de zinc.

La gangue est essentiellement constituée de fer, calcaire, quarz, calcaire magnésien, argile en quantité, et est fort fusible.

Les affleurements sont parfaitement caractérisés et indiqués par des matières ferrugineuses, plus ou moins imprégnées de carbonates, ayant souvent une puissance considérable et un aspect scoriacé ou compacte, et aussi par des veines de galène ou de carbonate entre les strates des calcaires, ou par des calcaires ou des grès mouchetés de minerai.

Il y a des masses énormes de minerais, mais à des teneurs assez maigres, dont on pourrait très bien tirer parti par la fusion. Les Carbonates et galènes riches sont en petites quantités en comparaison de ces amas de terres, poudres, minerais scoriacés etc., dont ces gisements sont composés, sans en excepter les calamines.

En règle générale, on peut dire que dans tous les calcaires l'hydroxide de fer remplace le minerai, et ce remplissage est rarement très compact et souvent est accompagné de très grandes crevasses où l'on rencontre des stalactites de toute beauté. Le minerai a-t-il été dissout sur ces points et remplacé par des dépôts ferrugineux, cela est probable, car on trouve encore des patates de carbonate et des *plaques* de minerai, en partie dissoutes, et affectant les formes les plus bizarres.

Je suis obligé de me borner aux généralités, car cette notice deviendrait trop volumineuse et le temps me manque. Je vais décrire rapidement ce qu'il y a de plus particulier dans chaque mine.

La concession de Masua, la plus ancienne de cette localité a commencé à exploiter dans les contacts et dans les calcaires; on trouva d'abord, après les schistes calcaires etc. un filon, puis 12^m· de calcaires et un 2.ème filon, 24^m· plus loin, la même roche continuant, on rencontra un carré de 25^m· de long sur 39^m· de large renfermant 6 filons, direction N. S. inclinaison O., d'un mètre de puissance chaque, lesquels étaient réunis entre eux par des croiseurs E. O.; ce qui revient à dire qu'on exploite un prisme de 25^m· de long sur 30^m· de large, et ce par différentes gale-

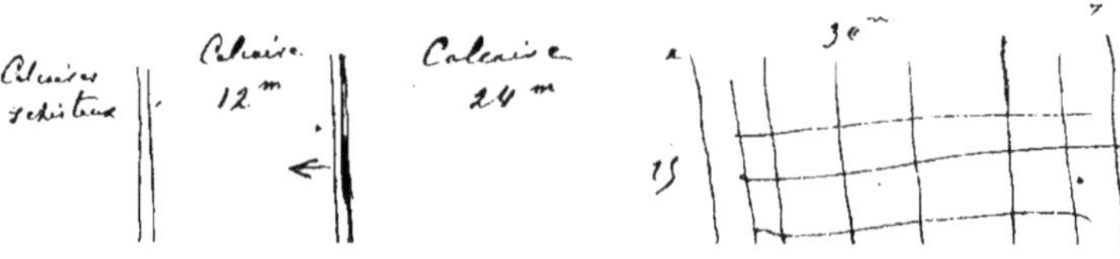

ries de rabais, il en est résulté du reste un magnifique éboulement.

Chose assez remarquable, c'est qu'en dehors de ce carré, les filons sont coupés nets et on ne trouve leur prolongement ni à l'E. ni à l'O., pour ceux dont la direction est N. S., ni au N. ni au S., pour ceux E. O., qui peut être pourraient bien être de simples fissures, comme on en remarque à *Monteponi*, reliant entre eux les filons principaux. On croit généralement qu'il y a eu deux failles qui ont rejeté les filons N. S., et qu'on les retrouvera lorsque l'on tentera quelques recherches.

Ce genre de gisement peut pour le moment se classer dans les irréguliers; les deux premiers filons de contact étant moins riches, ont été moins exploités.

Depuis quelque temps, on a entrepris avec plein succès, des recherches sur le filon dit de *Podesta*, dont la direction est N. S. et l'inclinaison E. 75°, il est connu dans cette concession sur 400ᵐ· de longueur, se dirigeant ensuite vers *Nebida* et *Sacaroccia*, pour près de 2000ᵐ· La puissance de ce filon de contact est souvent de 40ᵐ· la galène que l'on y rencontre est très argentifère.

Les minerais que l'on exploite sont composés de carbonate et de galène, la 1.ʳᵉ qualité, obtenue en partie par le triage à la main, contient 60 % de plomb et 50 grammes argent, elle est embarquée et vendue; quant à la seconde produite par la laverie, qui n'a que 33 % de plomb, 47 grammes argent, elle est fondue sur place. La production en 1.ᵉʳᵉˢ étaient en 1865-1866, de 1169 tonnes, et de 4371ᵗ· secondes à fondre.

Cette mine promet d'importants résultats surtout depuis la mise en activité du filon Podesta.

PERSONNEL DE L'INTÉRIEUR

Mineurs étrangers 120, prix moyon 2^r 75
    id.   sardes   12
Manoeuvres   60 2^r
Forgerons étrangers 7 3^r 50

Total 199

LAVERIE

Il n'y a rien de particulier à dire sur cet établissement qui est basé en grande partie sur le système sarde. Il faut dire aussi que les minerais du *Salto de Gessa* sont peu faciles à préparer, à cause de leur état mécanique, de la nature de la gangue et de la calamine qu'ils renferment; en somme, jusqu'à présent, nous avons échoué et ce que nous avons trouvé de mieux à été notre système primitif.

On a des masses considérables de terres, composées d'argile, d'hydroxide de fer et de carbonates de plomb et de zinc; si l'on veut enrichir trop loin, on perd des quantités considerables. Les 1.ères que l'on obtient, arrivent à environ 60 %. de plomb, (et Masua est favorisé sous ce rapport), les secondes à peu près à 33 %. Il est vrai de dire que toute cette localité manque d'eau presque complètement.

Le service des plateaux et de la préparation, comporte:
Manoeuvres sardes   164 à 2^r
Trieurs et trieuses sardes 67 à 1^r
Menuisiers étrangers   5 à 3^r 50

Total 236
pour une production indiquée plus haut.

On peut dire que la seule préparation qui convienne pour toutes ces terres et menus de mine, est la fonderie, sans s'inquiéter même des pertes en plomb, que l'on peut faire par l'entrainement des matières volatiles, comme le zinc et c'est ce qu'on a compris immédiatement ici.

FONDERIE

Elle se compose d'une machine horizontale à vapeur, à haute pression, de 8 chevaux de force, sans condensation, donnant le mouvement à un ventilateur; elle consomme une tonne de Cardiff par 24^h et de 1^t 66 à 2 tonnes, si on emploie du lignite de *Gonnesa*.

De 6 fours à manche, marchant actuellement au coke.

Le minerai traité est composé de plomb carbonaté, de galène, avec beaucoup de calamine, du calcaire, de l'argile, de l'oxide de fer etc. et une addition de scories des années précèdentes.

La teneur est de 32 °/₀ en plomb.

La quantité passée par année est de 4000 tonnes.

Le plomb obtenu de 950 tonnes contenant 110 grammes d'argent aux 100^k·

On marchait ordinarement avec deux fours, rarement avec trois. Un four passait 8 tonnes par 24^h et la durée moyenne de la campagne était de 35 jours.

Le personnel est composé de

11 Fondeurs sardes	à 3^f·	
11 Chargeurs id.	à 2^f· 25	
11 Tireurs de scories	à id.	

———

A reporter 33

Report 33

    9 Porte charbon de scories à $1^{r\cdot}$ 50
   35 Manoeuvres sardes   à $2^{r\cdot}$
    5 Chauffeurs, dont 3 étrangers $5^{r\cdot}$
    1 Mécanicien étranger $10^{r\cdot}$

Total 83

Le personnel de cette mine s'élève en tout à 518 individus, sans compter les surveillants.

La concession de Nebida, qui limite au S., celle de *Masua,* est dans des conditions analogues et travaille probablement le même filon, celui de *Podesta,* par la galerie Berthe, il y a cependant encore discussion à cet égard, mais je crois que c'est à tort.

La quantité de minerai de $1.^{\text{ère}}$ qualité étant peu importante et celle de seconde considérable, on s'est décidé à établir une fonderie à *Fontanamare* et on a suspendu provisoirement les travaux de mines. Il est fâcheux qu'on n'ai pu s'entendre avec Masua, dont la fonderie est à un quart d'heure de distance, cela aurait évité bien des frais, un transport de 4 kilomètres sur des matières assez pauvres, et les deux mines en auraient retiré un grand avantage.

Une route de 4 kilomètres, faite par la société, met en communication *Nebida* avec *Fontanamare,* où l'on a implanté la préparation mécanique et où l'on construit la fonderie.

En 1865-1866 on employait,

  120 Mineurs étrangers   à 4   et $4^{r\cdot}$ 50
   60   id.   sardes   3
   35 Manoeuvres   de $2^{r\cdot}$ 50 $2^{r\cdot}$ 75

Total 215

Sur les plateaux il y avait

45	Manoeuvres au triage, sardes	2f· 50
83	Femmes id.	1f· 20
167	Enfants	0f· 80

Total 295

Soit en tout 510 individus.

La préparation mécanique consistait donc en un triage et cassage à la main, ce qui ne convenait nullement avec des minerais de cette nature et aussi complexes, aussi a-t-on dû l'abandonner et créer une laverie sarde.

LAVERIE DE FONTANAMARE

Cette préparation est assez originale et est réduite à sa plus simple expression, elle se compose de 10 caissons allemands qui ne servent qu'à débourber, procédé employé aussi à Masua, on ne peut produire de minerai avec cet appareil, ce procédé de débourbage est un peu primitif.

Il n'y a pas de classificateur.

44 Cribles sardes.

Du 1.ère avril au 31 X.bre 1866 on a transporté de la mine 7400 tonnes de terres. Pour laver on commence à séparer les gros, puis on débourbe aux caissons, ensuite on passe aux cribles, les gros morceaux s'appellent *granites*; on a produit dans cette période 945ᵗ tonnes à 45 °/₀ de plomb, argent de 48 a 110 ou 120 grammes, à ce que l'on m'a dit, entre granites et schlicks provenant des terres, plus 230 tonnes de fonds de cuves à 18 °/₀, fonds de cuves que l'on ne peut enrichir aux caissons. Ces minerais contiennent de la calamine comme ceux de Masua.

On a essayé les cribles anglais, mais sans résultats satisfaisants, les cribles sardes leur ont été supérieurs. On peut évaluer à 42 tonnes de minerai la production moyenne d'une semaine.

Mine de Canale Grande, en voie de concession, elle limite au *Nord* celle de *Masua.* Les travaux principaux sont ouverts sur un contact, que je crois n'être pas le même que celui des précédentes exploitations; il y a cependant une grande analogie, mais le minerai renferme beaucoup moins de calamine, souvent même il n'en tient pas. Il y a peu de galène, beaucoup de carbonate, surtout de carbonate blanc en poudre et des matières de filons plus ou moins riches en oxide de fer, contenant assez de plomb pour être fondues avec avantage. La moyenne des minerais expédiés, minerais qui n'avaient été que triés, ou piochés dans les filons et mis en sac immédiatement, est de 45 % plomb et 10 grammes argent. Cette mine se développe rapidement et promet cette année une production importante, mais pour en tirer tout le parti possible il faudra construire des fours à manche.

Il y a dans cette concession encore quelques filons intéressants, à gangue quarzeuse et donnant des galènes assez riches en argent, mais les recherches faites sont encore peu importantes.

Comme il n'y a absolument pas d'eau et qu'il faut aller la chercher à 2ʰ· de distance, il n'y a pas de préparation mécanique: on aurait de ressource qu'en s'établissant près de la mer, à *Canale Grande,* mais il y a peu à compter sur le lavage, car on produirait médiocrement en dépensant beaucoup..

Les mineurs sont étrangers, le personnel monte à environ 150 individus.

Concession d'Acquaresa ou Enna Murtas. Même gisement que les précédents, filons très importants, l'un d'eux vient de Masua, qui limite cette mine. Le minerai contient généralement beaucoup de calamine et est assez pauvre, là encore il faut attendre une fonderie. Il y a sur ce point des travaux importants et on a développé dans la campagne 1865-1866 une très grande activité.

En allant vers le Nord on continue à rencontrer les mêmes contacts, mais le minerai devient de plus en plus riche en calamine, ce qui a déterminé l'exploitation de *Malfidano* dont je parlerai à l'article, minerais divers, considérant cette mine comme produisant spécialement des minerais de zinc, minerai qui existe en grande abondance dans toutes ces mines et dont bientôt on saura tirer parti.

FILONS COUCHES DANS LES CALCAIRES

La formation calcaire silurienne renferme encore des gisements de plomb fort importants, intercalés entre les bancs de cette roche, et qui ont donné lieu aux principales exploitations des anciens. Les alentours d'Iglesias en offrent les plus beaux types et je vais les passer rapidement en revue.

La Concession de Monteponi, appartenant au gouvernement et louée à une société, est la plus remarquable, de toutes, soit par son antiquité, soit par sa production et l'excellente qualité de ses minerais.

La direction des bancs calcaires, ou des *filons couches*, est de N. 15° 30' on N. N. O., plongeant E. 35°.

Le minerai est concentré en colonnes, se dirigeant vers S., inclinant en principe de 25°, actuellement de 40°, remarque digne d'intérêt pour l'avenir de ce gisement.

La puissance de ces colonnes, souvent composées de galènes massives, est arrivée jadis, à plusieurs mètres, dans ces derniers temps à 3^m·, ne présentant que rarement des interruptions complètes dans le minerai, mais souvent des rétrécissements ou des renflements. En profondeur le minerai devient beaucoup plus compacte et les magnifiques cristaux de *cérusite* et d'*anglésite*, qu'on trouvait en si grande abondance, commencent à disparaître; la teneur en argent qui était d'abord de 24 grammes aux 100^k·, est montée à 27^g·

Le nombre des filons couches exploités est de 53, plus ceux de *St Marc* qui sont au nombre de 3 et riches à 300^g·

Les colonnes de minerai sont concentrées, en direction, sur 200^m· au maximum et 60^m· en moyenne; vers le N., le minerai devient pauvre, blendeux et est remplacé par des oxides de fer et des calcaires décomposés; au S., les bancs se rapprochent, le calcaire devient compacte et très dur.

Les affleurements au N. sont très bien déterminés par les hydroxides de fer, et il y en a souvent des puissances considérables, tandis qu'au S., les affleurements viennent à la surface, imprégnant les calcaires, au lieu de rester encaissés. La superficie du sol est criblée de puits anciens disposés plus ou moins en lignes parallèles, surtout au S., au N., il y a quelques puits mais complétement stériles, ce qui est indiqué par les décharges.

Cette définition S, et N., est prise par rapport au sommet de Monteponi et c'est celle adoptée à la mine pour désigner les différentes localités.

Les anciens sont descendus jusqu'à 150^m· de profondeur dans les colonnes, les modernes à 300^m·

La mine est divisée en huit étages, séparés chacun par une hauteur verticale d'environ 30^m·

Au pied des trois collines qui constituent la mine de Monteponi, on trouve les schistes siluriens avec fossiles, puis on rencontre les schistes calcaires, les calcaires dits de la *mine* (calcaire métallifère), jaunâtres dendritiques alumineux, contenant des parcelles de quarz, ensuite les calcaires dolomitiques au contact immédiat des filons, puis les calcaires blancs, purs, par bandes alternantes avec les autres calcaires; on a aussi des schistes calcaires devenant argileux au contact des minerais, alternants avec les calcaires, le minerai y passe quelquefois au carbonate amorphe.

La galène se trouve concentrée dans le lit de séparation des bancs calcaires (ce que l'on appelle *strate*). Si les deux bancs de calcaire sont de différente nature, on est plus sûr de la trouver, et lorsqu'il y a une bande de schistes, faisant salbande, il y a plus de régularité dans le minerai. Lorsque plusieurs *strates*, (filons couches), calcaires, contenant de la galène, sont rapprochées, le minerai réunit souvent les strates et forme des amas au moyen de fissures, ce que j'ai déjà signalé à Masua.

Vers le N., les bancs semblent s'écarter et le vide est rempli par des hydroxides de fer plus ou moins argileux et le minerai disparait. Au S., au contraire les bancs semblent se rapprocher et se confondre, la *strate* disparait presque complètement par cette réunion, et c'est ce que l'on considère comme la fin des filons.

On doit comprendre que l'exploitation d'un gisement de ce genre, n'est pas toujours très facile, d'autant plus que les filons, dans les parties métallifères, se réduisent quelquefois à des lignes, déterminées seulement par la différence de nature des deux bancs calcaires; il faut alors se guider sur la pratique et surtout sur l'aspect de la roche et de la matière de filon, lorsqu'il y en a.

Le minerai est souvent remplacé par de vastes crevasses plus ou moins remplies par de l'oxide de fer avec argile, calcaire décomposé etc. etc., et on peut dire aussi ici, que le filon est stérile, lorsque les bancs s'écartent et lorsqu'apparait la matière de remplissage: on croit généralement que le minerai a été dissout et remplacé par ces oxides.

Les travaux sont dépourvus d'eau et la roche est assez solide pour qu'on se permette des excavations (dites églises), qui n'ont rien de rassurant; on remblaye un peu cependant depuis quelques années. Il serait assez embarrassant d'indiquer le système d'exploitation le meilleur, lorsqu'il faut aller à la recherche de colonnes inégalement distantes l'une de l'autre et disséminées dans 53 filons; il me semble qu'actuellement on fait tout ce qu'on peut faire, d'autant plus qu'on a eu à reprendre des travaux qui laissaient beaucoup à désirer.

De long rabais ont été ouverts au niveau de la vallée, et un puits central va relier tous ces chantiers.

Pour la production je renvoie aux statistiques, il y a à y jouter 1700 tonnes de minerais de 3.èmes à 20 % qui sont fondues à Domusnovas. Cette année on fera environ 8000 tonnes entre 1.ères et 2.èmes

Le développement total des galeries est d'environ 12000$^{m.}$, avec 6500$^{m.}$ de chemin de fer intérieur et 1000 métres extérieurs. Quant au nombre d'excavations qui existent dans la mine c'est quelque chose de considérable; on peut dire du reste que les travaux ont été à peine interrompus depuis des siècles.

Le personnel intérieur se compose de:

350 Mineurs étrangers gagnant par jour 2$^{r.}$ 75 par poste de 8$^{h.}$
250 id.   sardes   2$^{r.}$ 00   id.
  6 Boiseurs   étrangers   3$^{r.}$ 75 en 12 heures
  4 id.   sardes   2$^{r.}$ 50   id.
  6 Poseurs   id. dont trois aides 4$^{r.}$ 50   id.

616   à reporter

616 Report

  6 Forgerons   id.   à 3$^{r\cdot}$ par 12 heures
  5 id.   étrangers   3$^{r\cdot}$ 50   id.
10 Manoeuvres id.   2$^{r\cdot}$ 25   id.
  6 id.   sardes   1$^{r\cdot}$ 75   id.
12 Rouleurs   étrangers   id.   id.
75 id.   sardes   id.   id.
  4 Menuisiers id.   2$^{r\cdot}$ 75   id.
  2 id   étrangers   3$^{r\cdot}$ 25   id.

———

736 Total du personnel intérieur.

L'abatage dans les colonnes coute au mètre cube de 6 à 12$^{r\cdot}$ Si le travail est donné à l'entreprise le minerai revient à 5$^{r\cdot}$ le quintal rendu aux casseries.

Le prix moyen du mètre cube de roche est de 10$^{r\cdot}$ Le prix moyen du mètre d'avancement de galerie, de 1$^{m\cdot}$, 50 sur 2$^{m\cdot}$10, est de 55$^{r\cdot}$

PRÉPARATION MÉCANIQUE

Encore ici nous avons un système particulier, déterminé par la nature du minerai et le manque d'eau. La préparation est divisée en deux établissements, sur les plateaux de la mine, et à *Fontana Coperta.*

Le minerai n'étant guère composé que de galènes et de calcaires et étant fort fort peu argileux, la séparation se fait on ne peut plus facilement, de plus comme il est fort pur et fort compacte, l'opération la plus importante est celle du cassage et du triage à la main, produisant à elle seule les $^{4}/_{5}$ de la production totale; résultat considérable et qui fait de cette mine la plus riche de toute, quant à présent.

La classification se fait, à sec au moyen de cribles à secousses superposés l'un à l'autre, comme à l'Argentière. Le reste du travail est accompli dans des cribles Anglais et les fonds de cribles sont portés à *Fontana Coperta* pour être traités, aux caissons, car en cet endroit il y a un peu plus d'eau.

. La préparation mécanique de la mine, comprend 10 classeurs à sec passant chacun de 8 à $10^{m.c.}$ par jour.

62 Cribles anglais, dont 35 sont employés pour les menus de la mine et le reste pour traiter les anciennes décharges. Ces appareils sont répartis entre 4 laveries ou plateaux différents.

En évalue la production de ces cribles, ce qui me parait un peu fort, à deux quintaux métriques de galène, pour ceux qui traitent des menus de la mine, et à un quintal pour ceux qui passent les anciennes décharges.

Le prix de revient par $100^{k.}$ à la casserie, est de $0^{f.}$ 60

id .   id. à la préparation $6^{f.}$ 00

SERVICE EXTÉRIEUR

	80	Manoeuvres sardes	prix moyen $1^{f.}$ 86
	15	id. étrangers	
Casseries	85	Femmes et enfants	Prix comme partout
	15	Manoeuvres	de $1^{f.}$ 10 à $0^{f.}$ 80
Laveries	50	Femmes	
	12	Garçons	
	16	Manoeuvres	prix moyen $2^{f.}$

Total 273

La laverie de Fontana Coperta se compose de

5 Cribles

2 Tables tournantes (round boddles)

1 Classeur

5 Caissons dormants

Le lavage par les caissons et les tables coute 3ᶠ· 50 le quintal

Par les cribles, 5ᶠ.

Le nombre des ouvriers sur la mine, sans compter l'état major s'élève à environ 1008 individus.

N. B. Dans toutes les laveries la journée de travail est au moins de 10ʰ·

On observera que dans tous les prix que j'ai donnés jusqu'à présent, il y a fort peu de différences d'une mine à l'autre, et c'est au plus si la journée du mineur de 8ʰ· arrive à 2ᶠ·, 75, rarement 3ᶠ·, ceux qui sont à l'entreprise travaillant plus de 8ʰ· gagnent naturellement un peu plus. Quant à la journée des sardes elle est à peu près partout identique; le district de Lula paie un peu moins. Cette régularité est d'un grand avantage et facilite beaucoup les opérations.

Permis de recherche de Saint Georges et *Is Fossas.*

La partie dite Saint Georges est dans les mêmes conditions que Monteponi, même nature, de minerai, filons, roches, etc. Le minerai n'a pas encore été trouvé en grande abondance et les travaux ont besoin d'être étendus; sa richesse en argent est plus forte car elle s'élève à 34 grammes. La direction des couches est N.–N.-E.-S.–S.– O., l'inclinaison E.

Cette mine est située en face de Monteponi, de l'autre coté de la vallée. Il n'y a cette année que deux compagnies de mineurs.

Les travaux anciens sont aussi fort importants sur ce point.

La partie dite *Sa sedda de is Fossas* présente une particularité fort intéressante, ce gisement n'a de commun avec les précédents, qu'une analogie dans la direction des filons et parcequ'il est dans les calcaires, cependant ils sont différemment métamorphisés et quoiqu'encore jaunâtres, ils sont plutôt magnésiens que siliceux, et au contact des filons il y a des couches de brèches calcaires en petits fragments, blancs bleuâtres, dont la pâte est du spath calcaire blanc laiteux et quelquefois des galènes à grains fins excessivement argentifères.

La direction générale est N. O.-S. E., plus un système de croiseurs E. O., qui viennent de la mine de *San Giovanni*; non seulement sur tout le parcours des premiers filons il y a une masse considérable d'anciens travaux, mais aux points de croisements il y en a une aglomération inouie. La surface du sol quoiqu'assez élevée au dessus du niveau de la mer, est plane, c'est un plateau mouvementé par des lignes parallèles de puits et les anciennes décharges.

Il y a trois filons principaux N. O.-S. E., très voisins l'un de l'autre, puisqu'ils sont compris dans un espace de 58^m, il y a aussi d'autres lignes mais non explorées de nos jours. Les filons ont plus d'un kilomètre de longueur; quant à ceux E. O., je ne les ai même pas entièrement parcourus, ils sont plutôt plombifères qu'argentifères, tandis que les premiers sont essentiellement argentifères.

J'ai rencontré les anciens travaux jusqu'à une profondeur de près de 100^m, et tous ces puits dont l'orifice est souvent très étroit, communiquent entre eux au dessous du sol, de là des excavations dont on se fait difficilement une idée. Les décharges sont d'une époque très ancienne, rarement on y rencontre des traces de minerai, et c'est après beaucoup d'études que j'ai pu me rendre un compte exact de sa nature; mais partout on a constaté par les essais, de 2 à 7^k d'argent par tonne, et même jusqu'à 1^k dans les terres du filon, et 200 grammes dans certaines parties de la roche encaissante.

La matière de filon est généralement une brèche calcaire, se trouvant au lit, peu consolidée et ayant quelquefois du minerai, des terres pesantes, des veinules d'une espèce de galène et des patates, souvent du quarz décomposé avec noyaux de minerai, des argiles blanches avec des veinules de minerai et des matières de remplissage, hydroxide de fer etc. Les parties riches sont toujours moins friables que le reste du filon, et à en juger par la forme des anciens travaux, le minerai est disposé par colonnes, souvent très puissantes, séparées plus ou moins les unes des autres par des parties stériles. On n'a pas à faire à une véritable galène, c'est plutôt un composé de sulfure de plomb et d'argent, d'oxides et de carbonates de plomb, quelquefois compacte, souvent crevassé.

Voici la composition d'un filon.

Au lit, une veine de quarz blanc friable avec un minerai composé de galène, d'oxide de plomb, à grains excessivement fins, donnant 18,60 % de plomb et 372 grammes argent, soit 3^k 720 à la tonne de minerai, ou 20^k à la tonne de plomb.

Le quarz contient, 6^k, 16 de plomb et 260 grammes, aux 100^k minerai.

Des terres pesantes, brèches de remplissage, à 11 % de plomb et 60 grammes argent.

Terres blanches riches, argile, calcaire, à 145^k plomb à la tonne et 1^k 550 grammes d'argent.

Terres jaunes, traces de plomb, 55 grammes argent.

Terres blanches dites stériles, 4^k plomb, 57, grammes.
id.   traces, 100   id.

En outre le filon N. 1 a donné, terres riches, 460$^{k\cdot}$ plomb à la tonne et 2$^{k\cdot}$, 040 argent. Les terres sur lesquelles on comptait le moins donnaient 1$^{k\cdot}$ d'argent à la tonne.

Les terres sont composées en grande partie de minerai de plomb à l'état d'oxide.

Les minerais compacte sont rendu.

Plomb 58 °/$_o$, 208$^{g\cdot}$ argent, soit 2$^{k\cdot}$, 080$^{g\cdot}$ par tonne de minerai.
   id. 22 °/$_o$, 202$^{g\cdot}$ 2$^{k\cdot}$, 020^{g} id.
   id. 57   3$^{k\cdot}$, 510$^{g\cdot}$ id.
et certaines analyses ont rendu 7$^{k\cdot}$ d'argent.

Tous les essais ont donné des traces d'or.

Les travaux consistent en un puits de 100$^{m\cdot}$ de profondeur, muni d'un *baritel* à cheval, de galeries à travers bancs, et d'amorces dans les filons, mais la profondeur des anciens travaux et le peu de minerai rencontré aux débuts, ont fait ralentir les premiers éfforts. Pour arriver à un résultat il n'y a plus cependant que peu de choses à faire.

Je me suis appesanti sur cette recherche car elle résoud, en partie, la question de richesse en argent que l'on trouve dans les scories anciennes, et peut expliquer l'origine des masses de ce métal exportées de la Sardaigne à diverses époques. En outre, Masua trouve en ce moment des minerais très riches à Podesta, Monteponi des minerais à 300 grammes a S. Marc; sur beaucoup de points du *salto de Gessa* il y a des choses fort remarquables et jespère que lorsque nous commencerons à faire sérieusement des essais et à explorer certains anciens travaux, on arrivera à constater des richesses ignorées jusqu'à ce jour.

Le permis de recherche de San Giovanni d'Iglesias, entre la mine de ce nom et *S. Georges*, est un gisement analogue à celui de Monteponi, à force de courage et de temps on vient d'arriver dans la partie métallifère et la production devient intéressante. Il y a une quarantaine de mineurs sur ce point. Mêmes directions de filon qu'à S. Georges.

Permis de Cabitza près S. Georges, gisement dans les mêmes conditions, on y a entrepris d'importants travaux depuis peu de temps.

De ce côté il y a encore la concession de *Monte Oi*, et une foule de permis, mais il faudrait un volume pour les décrire tous.

Permis de Guttura Pala près de *Flumini Maggiore*, là encore ce sont des filons couches à colonnes, mais le minerai est mélangé avec du sulfure de zinc et du silicate de zinc. Il y a six filons reconnus, les travaux sont commencés depuis 20 mois et on attend pour exploiter qu'une préparation mécanique complète soit établie, et ce à cause de l'éloignement de la mer, ce qui ne permet que le transport de matières riches.

La direction de filons est N. 20° O.

Gisements irréguliers dans les calcaires, ou dont la nature n'est pas encore bien déterminée.

Concession de Monte Cerbus, commune de *Santadi.* Cette localité appartient a l'époque silurienne et est composée de bancs calcaires plus ou moins cristallins, avec des couches de schistes argileux intercalés. La direction des calcaires est E. E. N-O. O. S., inclinaison 20° à 25° S. E.

Le minerai est composé de galène en grande partie transformée en carbonate de plomb amorphe; il se trouve en patates, grosses amandes, quelquefois du poids d'un quintal métrique, qui sont séparées les unes des autres par des terres, des calcaires et des schistes, et plus souvent des argiles, formant le lit de la couche. Le carbonate de plomb est plutôt à la superficie, en profondeur on a de la galène à grandes facettes, d'une pureté extraordinaire.

Le filon sur 40^{m.} de longueur s'est montré d'une très grande régularité, d'une puissance d'environ 2^{m.} et d'une richesse extraordinaire, car par mètre cube il donnait deux tonnes de minerai. Des travaux successifs ont démontré l'importance de cette mine qui est exploitée lentement par suite du peu de capitaux de la société. Les avis sont partagés sur la nature de ce gisement, les uns le suppose de contact, les autres un filon couche, la direction semblerait donner raison à cette dernière hypothèse.

Outre les gisements réguliers énoncés jusqu'à présent, il y a encore dans les calcaires des amas de minerais isolés ou en ramifications, des poches ou autres, présentant souvent une certaine importance, mais sans continuité. La galène est intercalée comme toujours dans les bancs calcaires et accompagnée des schistes.

Les mines de *Monte Cani*, *Monte Onixeddu* etc., sont en tout ou partie dans ces conditions. Ce genre de mine est dangereux et c'est pour cela que je me suis appesanti sur les gisements réguliers, qui seuls jusqu'à présent, ont donné des résultats sérieux.

MINES DIVERSES

Mines de calamine et carbonate de plomb.

Le *Salto de Gessa* renferme une de ces mines qui est en voie de concession, elle s'appelle *Malfidano*, les travaux qui avaient été entrepris vers 1852 et abandonnés, parcequ'on ne trouvait pas de la galène bien brillante, ont été repris depuis un an avec un très grand succès. C'est un gisement de contact qui court N. 15° O. Le minerai est en amas dans une zône de 50^{m.} de puissance, ces amas ont jusqu'à 6^{m.} d'épaisseur; sa nature est un composé de calamine et de carbonate de plomb; quelquefois en très petite quantité. Une moyenne de 40 essais a donné 47,-2 % de zinc et de 1,50 à 4 %. de plomb. Il y a des parties, contenant 13, 30 % de plomb, 37,50 % de zinc et 0,015 d'argent.

Les travaux actuels sont de la plus grande simplicité, car ,ils se font par gradins droits à ciel ouvert; cette campagne ci on produira au moins 10000 tonnes, on parle même d'une production tellement forte que les moyens de transports manqueront. Je n'ai rien de particulier à dire sur ce gisement qui ressemble à ceux de contact déjà décrits.

On construit en ce moment, à Carloforte, des fours pour griller ces calamines avant de les exporter en France.

Cette mine ne restera pas seule et dans son voisinage quelques autres surgiront avant peu, et nous arriverons à des productions considérables. Il n'y a pas à ma connaissance d'autres mines de calamine dans le reste de l'île.

MINES DE BLENDE ET GALÈNE

Ces mines appartiennent en général aux filons fentes dans les schistes siluriens et présentent seulement depuis deux ans une grande importance, comme on peut le voir par le tableau **D**, la campagne 1866-1867 promet une très forte production, plus du double de la dernière.

Concession de Rosas, district d'Iglesias; travaux abandonnés depuis plusieurs années. Cette mine est dans les schistes, le filon qui les coupe est N. S., presque vertical. Le minerai est un composé intime de blende et de galène contenant 35 % de plomb, comme on n'avait pas su le préparer on suspendit l'exploitation; et chose étonnante, malgré la richesse qu'a démontrée le filon, depuis lors on n'a fait aucune tentative pour reprendre les travaux. La position n'est du reste pas très favorable à cause de la distance à la mer et de l'éloignement des villages.

Mine de l'Argentière, de la *Nurra*, concession dans le district de *Sassari*.

Au cap de *l'Argentière*, au Nord *d'Alghero*, il y a un filon de quarz dans les schistes siluriens, dont la direction est N. 40° E. inclinaison O. La puissance du gisement est de 10 à 12^m, celle de la partie exploitable est de 1^m, 50 à 3^m, 10, au toit du filon. Le reste de la masse se compose de quartz, schistes et veinules de minerai. Le toit est formé de terres grasses d'une puissance de 5 à 11 mètres, renfermant des blocs et des filets de blende. La longueur du filon, indiquée à la surface par les affleurements et les travaux anciens, est de 950 mètres.

La nature du minerai est tantôt de la blende, à teneur moyenne de 45 % de zinc, parsemée de filets de quarz et de petits blocs de galène, d'une manière inégale, tantôt un mélange uniforme de blende, galène et pâte quarzeuse, dans ce dernier cas la teneur du minerai est de, zinc 35 à 40 %, plomb 15 à 20 %. La teneur en plomb augmente à mesure que les travaux descendent en profondeur; la richesse en argent varie constament de 3 à 7 kilogrammes d'argent par tonne de galène, c'est ce qui explique les travaux entrepris par les anciens, et fait voir avec quel soin ils recherchaient l'argent.

La production de chacune des campagnes écoulées a été de 3000 tonnes, mais tout n'a pas été transporté.

Mine de Sa Spilloncargia, district du Sarrabus, cette mine renferme 4 gisements convergents, dont deux sont explorés et tous deux sont dans les schistes.

L'un, N. 50° E., pendage O., est composé de blende et galène en mélange intime dont la gangue est le quarz.

Contenant Plomb 22 %, zinc 31 %, argent 400 grammes %, de galène. La puissance à l'affleurement est de 1ᵐ·, 75 et va en diminuant jusqu'à 13ᵐ· de profondeur, puis disparait à son intersection avec le 2.ᵉᵐᵉ filon. Celuici est très irrégulier dans sa direction, sa püissance moyenne est de 2, 50 à 3ᵐ·. La nature du minerai est un mélange de galène, blende, pyrite cuivreuse et pyrite de fer arsénicale, le tout dans une gangue de schistes pyriteux décomposés. Il contient zinc 31 %, plomb 14 %, cuivre 8 %, argent 280 grammes à la tonne de minerai. Le gisement reparait à une distance de 350ᵐ· du point d'attaque.

En somme on a à faire à un gisement fort irrégulier et non encore bien déterminé par les travaux.

La production de la campagne écoulée, avec les provisions pour cette campagne, a été de 3500 tonnes.

Mine de Sa Lilla, district du Sarrabus, on a à faire ici à des gisements au contact des schistes et des calcaires, provoqués par l'irruption de grandes masses d'*eurite* contre lesquelles ils se trouvent très irréguliers et peu continus, mais fort nombreux.

Le minerai est analogue au filon de *Sa Spilloncargia*, c'est un mélange intime de blende et galène, la gangue est la serpentine. Il contient zinc 34 %, plomb 20 à 23 %, argent 430 grammes % de minerai.

Les mines de Sa Spilloncargia et Sa Lilla, situées au milieu des montagnes du Sarrabus, sont reliées au port de *Murtas* par une route charretière construite par la société, et longue de 27 kilomètres.

Permis de recherche de Parredis ou *Su Baccu de Sa Ruinosa*, commune de San Vito (Sarrabus).

Il y a 4 ou 5 filons.

Le filon dit N° 5 (galerie Parredis), a une direction générale S. E. 27° N. O., inclinaison moyenne N. E. 32°.

Roches encaissantes, calcaires et schistes cristallins siluriens, puissance moyenne $1^m,24$; gangue quartzeuse et serpentineuse. Filon dit N° 2, direction générale E. O. inclinaison moyenne S. 65°. Roche encaissante, schistes siluriens; roche accidentelle, quarzite; gangue, quartzeuse.

Nature du minerai des 4 principaux filons, galène et blende avec oxide de fer, accidentellement le filon N° 3 donne des pyrites de cuivre, la teneur moyenne est, plomb 44 %, fer 4 à 5 %, argent 35 grammes au quintal de minerai, production de la dernière campagne 1000 tonnes.

Il y a encore d'autres gisements de ce genre, mais ils ne sont pas encore exploités.

MINERAIS DE FER

Ce métal est fort abondant mais en générale les gisements sont tellement éloignés de la mer, ou bien encore, l'approche des côtes n'étant possible qu'aux barques, il en résulte que le transport viendrait a couter plus cher que la valeur du minerai. Fondre sur place ne conviendrait que dans très peu de localités, et ce grâce à l'intelligent déboisement qui s'opère depuis plusieurs années et qui menace de laisser bientôt notre île avec de simples broussailles.

Des tentatives sur ce minerai ont été faites à plusieurs époques, mais de sérieuses il n'y en a eu réellement que de la part de la société Pétin Gaudet, qui après plusieurs années d'une persévérance innouie, est arrivée à trouver le gisement de *S. Léon*, qui par son abondance, la qualité du minerai, les sacrifices faits pour les transports, se trouve à même de donner des quantités considérables.

Décrire tous nos gisements de fer n'aurait à mes yeux aucun intérêt industriel immédiat, car presque tous

sont condamnés à dormir encore d'un long sommeil, je
me contenterai de les indiquer et m'appesantirai seulement sur celui de Saint Léon, puisque c'est le seul qui
produise.

Nous avons une assez grande quantité de *fers oligistes*,
par exmple à *Seneghe*, (circondaire d'Oristano) mais il
faut embarquer à la plage. Le fameux *Salto de Gessa*
en est assez riche et il renferme un gisement régulier,
le minerai suit le contact des schistes et des calcaires, avec
une direction générale N. S., sur une grande étendue, ce
qui a donné lieu à la concession d'*Enna Murtas*. Comme
on est entrain d'abattre le dernier arbre de cette vaste
propriété et que le transport du minerai à bord reviendrait
à environ 20ᶠ la tonne, il est inutile d'entrer dans plus
de détails.

En remontant vers le N., mais en suivant la plage,
il y a encore des gisements très intéressants, soit de fer oligiste,
(Porcili Seddori), soit de fer oxidulé, (San Nicolò); mais
quoiqu'il y ait sur ces points encore quelques forêts et que
la mer soit assez voisine, je ne crois pas qu'on puisse les
utiliser. A coté d'Iglesias il y a aussi un amas de minerai
de fer (Fontana Perda). Je pourrais en citer encore bien
d'autres, m'étant occupé plusieurs années de ce genre de
recherches, mais ce serait sans utilité.

Le fer oxidulé est plus abondant et a donné lieu de
la part de la maison ci dessus nommée à d'immenses
travaux et de puis elle, à d'autres entreprises. Le
minerai paraît être en couches dans les schistes siluriens
au voisinage des granites; non seulement dans le N. et
le centre de l'île il y en passablement, mais toute la partie
S., depuis le cap *Spartivento* jusqu'à la vallée d'Iglesias,
en est imprégnée. On le trouve en amas ou points de
concentrations, presque toujours aux sommets des mon-

tagnes, mais suivant des directions parfaitement régulières, espèces de filons tantôt grenatifères tantôt quarzeux et accompagnés dans le voisinage de dickes quarzeux énormes. Les schistes près des filons sont fort modifiés, (métamorphisés), tourmentés et quelquefois plissés et transformés en une espèce de quarzite. La direction générale et principale, des filons est N. S., ou S. S. O-N. N. E., pendage O. Les granites eux mêmes sont souvent relevés presque verticalement en espèces de couches affectant la direction N. S., inclinaison O. insensible. D'autres lignes courent N. N. O., et c'est leur point de rencontre ou pour mieux dire de concentration, avec les premières qui a fait déterminer la découverte de S. Léon, localité ou le minerai s'est réuni assez régulièrement en masses considérables, tandis qu'en général on n'a à faire qu'à de simples pointements sur les sommets des contreforts et qui descendent rarement jusque dans les vallées.

En considérant l'ensemble de ces gisements, il y a là pour moi, non des couches, mais bien des filons de grenat et de quarz, de puissance considérable, plus ou moins riches en minerai de fer en différents points; de plusieurs kilomètres de longueur et ayant apporté avec eux des modifications considérables aux terrains environnants. Ils ont été déterminés par le soulèvement des granites et leur sont parallèles; cette roche n'affleure pas partout, ce qui fait que les schistes forment des espèces d'îlots, ou pour mieux dire une bande plus ou moins irrégulièrement découpée.

Si on prend Saint Léon seul, sans parcourir un peu ses environs vers le S., on en conclut à l'existence d'une ou plusieurs couches intercalées dans les schistes, et c'est l'impression produite à tous ceux qui ont visité seulement ce point.

Les granites étant rapprochés des filons et les touchant quelquefois, on pourrait presque croire qu'on a à faire à des gisements de contact; la direction N. S., pour cette localité semblerait aussi l'indiquer, mais les granites n'affleurant pas partout sur l'immense distance qui sépare Spartivento, ou pour mieux dire la mine de *Perda Sterria* ou *Perda Tronu*, de Saint Léon, cette idée est donc purement spéculative.

En suivant les affleurements dont j'ai parlé on est toujours sûr d'arriver à quelques concentrations de minerai, ils m'ont toujours guidés dans mes recherches, et sans jamais me tromper. Une des particularités de ces gisements, est que le minerai se présente quelquefois en grosses masses de toute pureté, soit sur un sommet, une crête ou même sur les versants, et qu'à une faible profondeur on ne trouve plus rien; c'est ce qui arrive lorsqu'il n'y a pas un *lit* parfaitement déterminé, ayant une petite salbande argileuse reposant sur les schistes quarzeux. Si la masse se détache au milieu des schistes avec accompagnement de grenats, sans distinction d'encaissement, on est sûr de trouver en profondeur des argiles, des roches grenatifères, et même le filon quarzeux ou de grenats.

Faire des recherches sur des parties de filon plus ou moins noirâtres ou imprègnées de minerai de fer ne produit aussi que fort peu de résultats, et il y a peu d'espérance de trouver en profondeur de l'enrichissement. Pour travailler utilement il faut s'arrêter aux points où le minerai est compacte, parfaitement encaissé et distinct de la roche, quant au *lit*, et surtout lorsqu'il est en masses considérables, les imprégnations ou filets même de beau minerai ne signifient que fort peu de chose. A l'appui de ce que je dis je citerai les travaux qui ont été faits à la concession de *Perda Sterria*, à la recherche de *Teulada* et vingt autres tentatives à ma connaissance et dont je suis plus ou moins l'auteur.

Le minerai est quelquefois de toute beauté surtout dans les parties essentiellement grenatifères, comme à *Perda sterria*, ou seulement schisteuse, rarement il atteint ce degré de pureté dans les quarzs. Les sommets des masses sont magnétiques et de là le nom de *Perda tronu*, pierre du tonnerre.

La concession de *Perda niedda* était sur un minerai ayant quelqu'analogie, mais il était au contact des granites et fort pyriteux.

Toutes ces mines ont été abandonnées ainsi que celle de *Montelapanu* près de Teulada, autre gisement au contact des granites, ainsi que les recherches de Pula et de Capoterra.

Mine de Saint Léon.

Cette exploitation est située communes, d'Assemini et de Capoterra. Ce que j'ai dit en général sur les gisements de fer oxidulé s'applique aussi ici. Le granite semble terminer les couches au bas des chantiers du Bersaglio et passe souvent à la syénite dans le voisinage du minerai; vers l'E. il se trouve en bandes parallèles aux filons, formant des montagnes souvent relevées à pic du coté de la mer et laissant un intervalle de schistes plus ou moins grand entre eux deux, intervalle qui quelquefois disparait en allant vers le S.

La couche principale de S. Léon, part à peu près du pied de la vallée, au Bersaglio, au contact même des syénites; sur ce point quoiqu'on ait trouvé du fort beau minerai, il est généralment assez mal défini et la qualité en est médiocre, il y a une espèce de brouillage que les recherches n'ont pu encore éclaircir. Le *lit* est déjà composé de schistes quarzeux et le toit de schistes grenatifères. En remontant vers le S., sur le contrefort de *Cruccuris*, les affleurements prennent une grande importance et le minerai augmente en puissance en même temps que les bancs de grenats ferrifères qui le recouvre; on trouve alors les premières galeries qui ont jusqu'à 8^m· de hauteur, dans une masse métallifère qui n'est pas encore de la plus grande pureté et dont la pâte est composée de fer, grenat, amphibole, au *toit*, et de quarz et fer au *lit*. En suivant on entre dans l'exploitation, dite filon Gaudet, qui donne des minerais de très belle qualité, sur une épaisseur qui varie de 4 à 6^m·, à gangue quarzeuse disséminée en points impercetibles et au dessus desquels se trouvent encore huit ou dix mètres de minerai moins purs ou de bancs composés de grenats très riches en fer.

Le *lit* est formé de schistes quarzeux presque blancs ou gris, séparés du minerai par une fine salbande d'argile, il est parfaitement net, régulier et distinct de la masse métallifère. Les schistes inférieurs sont purs et sans oxides de fer, de même ceux qui sont au dessus du grenat. On remarque une couche moins importante au dessous de l'exploitation Gaudet se réunissant à la masse Pétin.

À la galerie Saint Jean Marie Nouvelle la couche se relève et vient se terminer a une masse d'environ 25^m· de puissance, dite masse Pétin, parfaitement encaissée, avec minerai très pur mais injecté de noyaux ou veinules de quarz blanc. Lors de la découverte, cette masse surgissait de terre de plus de 15^m· et était entourée de blocs énormes qui s'en étaient détachés. Un peu sur la droite et en retour se trouve la masse Gaudet, amas colossal qui se termine vers le Sud par un puissant filon (couche), courant parallèlement au 1.er en descendant vers le Bersaglio, pour disparaître comme lui aux granites.

Du point de réunion des deux masses et sur la crête du contrefort de Cruccuris, dit *Monte Picciu* par les mineurs, part un filon comme tous ceux qui j'ai décrits, traversant la vallée de Saint Antoine pour remonter l'autre versant et ainsi de suite pour nombre de kilomètres, et présentant plusieurs parties assez riches en minerai. Une autre couche plus N. E. — S. O., part du N. de la concession traverse les deux vallées de *Cirifoddi* et de *Cruccuris* pour se rejoindre aux masses principales.

Deux autres couches se remarquent dans la concession de *Miriagu*, qui limite Saint Léon à l'O. et s'arrête au torrent de *Gutturu Mannu*, ces couches traversent aussi monts et vallées, l'une suivant la crête de Miriagu, l'autre sur le versant se rapprochant de Saint Léon; elles continuent vers le S. par Saint Antoine présentant quelques pointements assez riches.

La direction principale est N. S. magnétique déviant quelquefois vers l'O., l'inclinaison du lit N. O. de 30° a 60°.

L'exploitation se fait aux masses Pétin et Gaudet à ciel ouvert, par gradins droits superposés de plusieurs mètres de hauteur: une galerie est ouverte aux pieds de ces gradins, entre les deux masses, pour les exploiter sur toute la hauteur et concentrer la production. Dans l'exploitation Gaudet les galeries ont 8^{m} de large sur 6^{m} à 8^{m} de hauteur, on pratique au lit un havage de 2^{m} de haut que l'on pousse aussi loin que possible et ensuite on reprend la couronne.

Le minerai est compacte, dur et demande un grand travail pour le rompre en morceaux, on est obligé d'employer des outils en acier fondu. La mine joue parfaitement et produit des effets considérables. Le mètre cube de minerai mis en tas pèse au minimum 2 tonnes, 200^{k}, il est payé aux mineurs à raison de 5^{f}.

Comme les travaux sont développés sur une très grande longueur et hauteur, le pied de la masse Pétin étant à 246^{m} au dessus du fond de la vallée et les gradins s'élevant encore d'une cinquantaine de mètres plus haut; on a établi pour

descendre le minerai, un petit chemin de fer qui contourne
la base de tous les chantiers d'abatage des deux masses, et
vient aboutir à la tête de trois plans inclinés automoteurs,
faissant suite l'un à l'autre et terminant au chemin de
fer qui va jusqu'à la Maddalena golfe de Cagliari, point
d'embarquement.

Le premier plan dit N° 3 partant du pied des gradins,
est composé d'une poulie horizontale de 3 mètres de diamètre entourée par un cercle d'acier servant de frein, la
corde fait un tour et demi dans la gorge, la longueur du
plan est de 124^m·, la pente a 0^m·, 47 par mètre.

Le deuxième plan ou N° 2 sur le prolongement du
1.er, recevant les minerais de l'exploitation Gaudet et les
vagons du N° 3, est composé d'un tambour de 3^m· de diamètre muni de deux freins en acier, l'un dit fixe, l'autre
proportionnel. La corde fait trois tours et demi sur le
tambour et son enroulement est guidé par deux petits chariots,
sa longueur est de 280^m·, la pente de 0^m· 37. Au pied de
ce plan on trouve un plateau de 130^m· environ de long avec
une légére pente; il est muni de chemins de fers qui aboutis-
sent en tête du troisième, plan dit N° 1, du même système
que le précédant, dont la longueur est de 170^m·, la pente
0^m·, 50 par mètre. Chaque plan est muni de deux trucks
recevant un vagon portant environ 4 tonnes de minerai,
(nouveau modèle).

On descend par jour par ces plans 72 vagons, compo-
sant six trains d'un tonnage de 240 tonnes en moyenne,
car on a encore d'anciens vagons ne jaugeant pas tout à
fait 4 tonnes.

En auxiliaire de ces plans, il y a des descenderies
aériennes automotrices, la première part du pied de la
masse Pétin et vient aboutir au même étage que le plan
N° 3, sa longueur est de 130^m·, son inclinaison de 0^m·, 34;

elle descend au minimum cent tonnes par jour, la charge
des caisses est de 300 à 350^k· On établit actuellement
une série de ces descenderies jusqu'en tête du chemin
de fer. Du plateau du plan N° 1 jusqu'en bas, on se
sert provisoirement d'une descenderie aérienne de 200^m· de
longueur, qui produit aussi cent tonnes par jour; et du chemin de fer de ceinture, au pied de la masse Gaudet, on
a aussi établi une descenderie aérienne de 500^m· de long,
qui vient aboutir au Bersaglio et de là au chemin
de fer.

Grâce à tous ces moyens de transports on sera dans
peu en position de livrer au chemin de fer jusqu'à 400
tonnes et plus par jour, actuellement on peut compter
sur 300 tonnes.

Chemin de fer. Il part du pied de Saint Léon en suivant pendant 5 kilomètres la rive droite du torrent *Gutturu
Mannu,* puis il oblique vers le S. dans la plaine et vient
aboutir à la Maddalena golfe de Cagliari, ou se trouve la
gare, après un parcours total de 15 kilomètres 400 mètres.
La largeur de la voie, de centre en centre, est de 0^m·, 80,
les rails sont à un seul boudin, et fixés sur les traverses
au moyen de coussinets, ils pèsent 13^k· le mètre courant.
On peut dire que le chemin va en pente jusqu'à la Maddalena et les trains descendent seuls jusqu'à Sainte Lucie à
5 kilomètres de la mine, point ou l'on rejoint la plaine.
Au point de départ la pente maximum est de 0^m·, 035,
avant d'arriver à Sainte Lucie elle est d'environ 0,005 · et
termine à cette station, par une partie plane ou se forme les
trains et ou ils se croisent, de Sainte Lucie à Capoterra,
pour une longueur à peu près égale, les pentes varient de
0^m·, 012 à 0^m·, 002, il n'y a besoin de traction que près de
la station de Capoterra qui est aussi un point de croisement.
De Capoterra à la Maddalena on est à peu près dans

les mêmes conditions seulement sur quelques points la traction est nécessaire.

Le service est fait par trois locomotives de la force de 25 chevaux, portant leur tender sur la machine même. On consomme des agglomérés, environ 100 à 120$^{k.}$ par jour et par machine. Arrivée à la gare la locomotive laisse son train qui est composé de 12 vagons régulièrement, et reprend un train vide, en remontant elle se croise avec le train descendant, à la station de Capoterra ou à celle de Sainte Lucie.

Gare de la Maddalena. Elle se compose d'une voie centrale en pente vers la mer et aboutissant à un pont d'embarquement de 200$^{m.}$ de long; perpendiculairement à cette voie, à droite et à gauche, il y a une série de voies parallèles, réliées à elle par des plaques tournantes, leur longueur minimum est de 60$^{m.}$ et maximum de 200^{m}, elles ont toutes leur pente vers l'extrémité. Les vagons descendent la voie centrale et au moyen des plaques, sont tournés sur les voies perpendiculaires ou on les décharge, manoeuvre qui se fait sans fatigue.

Embarquement. Une série de petites voies de 0$^{m.}$,60 d'écartement, parallèles aux premières de déchargement et intercalées dans l'espace qui les sépare, munies d'un système de plaques tournantes; servent au roulage de petits vagons à bascule portant 1500$^{k.}$, leur pente est en sens inverse des grandes voies perpendiculaires et les deux chemins centraux qui les relient au pont l'ont vers la mer.

Le pont d'embarquement, d'une longueur de 200$^{m.}$, supporte 4 voies ferrées et est terminé par un tiroir, trois voies sont à petite section, et une à grande section. A droite et à gauche de la tête du pont il y a deux déversoirs sur lesquels on fait basculer les petits vagons dans les barques. Les vagons vides sont poussés sur le tiroir et ramenés par la voie centrale au lieu de chargement. La voie à grande section sert pour les débarquements des objets pesants et reçoit les grands vagons. Au commencement du pont il y a une bascule pour peser les petits vagons, comme en tête de la gare il y en a une autre pour constater le poids des minerais expediés de la mine.

Les navires sont ancrés sur trois bouées qui sont à un kilomètre de distance du pont; les barques à voile qui reçoivent le minerai, et qui jaugent 10 tonnes, déchargent à babord et à tribord des bâtiments qui reçoivent sous palan. Quatre barques, armées de deux hommes chaque, suffisent, pour mettre à bord dans les journées d'hiver, 250 tonnes en moyenne et plus de 300 en été. Pour le cas ou il y a plus de trois navires sous charge on augmente le nombre des barques.

Un remorqueur à vapeur de la force de 10 chevaux environ aide aux barques en cas de vents contraires ou de calmes. Le mouillage est excellent et la mer est rarement assez forte pour empêcher les opérations; la question d'embarquement n'est donc nullement embarrassante, ce n'est qu'une question de barques et de personnel sur la gare. Un chargement de 250ᵗ par jour avec 4 barques seules, est un travail courant. Dans ces conditions, recevant 6 trains par jour, chargeant 250 tonnes sur les petits vagons et les amenant aux déversoirs, le personnel de la gare n'est que de 18 à 22 manoeuvres.

Sur la mine, en haut du plan incliné N° 1 il y a tous les ateliers de réparation et de construction, forge, ajustage, menuiserie etc., une succursale existe en tête du chemin de fer pour les petites réparations aux locomotives, là aussi se trouvent les remises et les logements du personnel e la voie ferrée.

OUVRIERS EMPLOYÉS pour tous les services.

	NOMBRE d' Ouvriers	PRIX MOYEN de la journée
		f. c.
Mineurs *bergamasques et piémontais* .	141	3 50
Forgeurs, *dont 4 sardes*	24	3 05
Aides forgeurs, *sardes*	9	1 15
Menuisiers, *étrangers*	8	3 00
Mécaniciens, *locomotives, français et napolitains*	3	7 00
Freineurs, *étrangers et sardes.* . . .	21	2 90
Cantonniers, *sardes*	10	2 40
Barquiers, *sardes*	10	3 05
Manœuvres divers, *étrangers et sardes*	82	2 40
Total	308	

Auxquels il faut ajouter les employés et surveillants. Le nombre de mineurs augmente tous les jours et sera bientôt porté à 200 et plus, suivant les besoins en minerai de la maison.

Un télégraphe électrique relie la gare de la Maddalena à la mine.

Dans l'état actuel des choses, l'exportation du minerai monte à 40000 tonnes pas an, d'ici à peu on sera organisé pour une production de 60000 tonnes au minimum.

Je regrette que mon cadre ne me permette pas d'entrer dans plus de détails sur nos diverses exploitations, car je suis à même de le faire, et l'on pourrait alors relever ce

que le courage et la persévérance peuvent vaincre de difficultés
et rendre possible des affaires auxquelles on n'aurait pas osé
songer il y a quelques années. La même chose peut se dire
pour toutes nos mines de blende et de calamine, qui cette
année donnent lieu à des transactions importantes et qui en
1860 étaient considérées comme impossible à exploiter.

MINES DE CUIVRE

Jusqu'à présent les tentatives qui on été faites ont
eu des résultats parfaitement négatifs, et à ma connaissance
il n'y a pas un filon de cette matière qui soit digne d'être
exploité. Les pyrites de cuivre sont plutôt accidentelles, ac-
compagnant des blendes, des galènes etc. Deux mines à
peine méritent le nom de mine de cuivre, *Tertenia* ou *Ta-
lentino*, concession qu'on a dû abandonner; *Barisonis*, ou
l'on a établi il y a deux ans une préparation mécanique
et des fours et qui a eu le même résultat, les anciens
avaient travaillé cette localité, surtout pour argent, car il
existe dans le filon des terres métallifères a $4^k,30$ d'argent
à la tonne, et plus dans certains points.

Dans le centre de l'île, à *Gadoni*, il y a des recherches
anciennes nombreuses, pour ce métal; mais malgré une
étude approfondie je n'ai pu rien constater de bien sérieux.
L'avenir nous réserve peut-être quelques découvertes intéressantes mais encore est ce fort douteux.

MINES D'ANTIMOINE

Le sulfure d'antimoine est assez commun dans les
schistes siluriens, la seule mine qui ait été exploitée est
celle de *Suergiu* de *Villasalto*, dont la direction est S. E.-N. O.

Dans le district de Cagliari nous avons encore plusieurs points, principalement dans les environs de *Mandas*, mais comme les demandes sont fort rares pour cette matière personne ne s'en est occupé sérieusement.

Ce minerai est plutôt disséminé en lentilles, quelquefois assez importantes, ou en veinules, ce qui rend son exploitation assez délicate.

MINES DE MANGANÈSE.

Le manganèse se trouve spécialement dans les trachytes, ou pour mieux dire, les tufs trachytiques, soit concentré dans les fissures de la roche comme à *Bosa*, fissures ayant rarement plus de 0^m, 20 ou 0^m, 30 de puissance, alors il est cristallisé et de toute beauté et c'est de la pyrolusite de 1.er qualité. Ou au contact des trachytes et des calcaires tertiaires comme à *Padria* et *Sandia*, il est alors moins pur, fort dur et quarzeux.

La mine de Bosa a été abandonnée la production ne couvrant pas les frais; quant aux deux autres recherches elles ont donné des minerais médiocres qui se trouvaient aussi fort irrégulièrement distribués en lentilles.

Dans l'île de Saint Pierre, au *Capo rosso*, il y a des gisements plus réguliers de bioxide de Manganèse et sur lesquels on a travaillé. Si la qualité n'est pas très remarquable, il y a au moins la quantité; le minerai est concentré en couche entre des bancs de tufs trachytiques, ayant pour toit de petits bancs de diaspres quelquefois d'une fort belle couleur jaune et rouge et d'argiles de la même teinte. La couche de manganèse varie d'épaisseur, elle arrive rarement à un mètre de puissance, mais s'étend sur une grande longuéur.

MINES DE PYRITES DE FER

Jusqu'à présent ce minerai n'a donné lieu à aucune affaire, il y'en a cependant d'assez grandes quantités dans presque tous les districts et particulièrement dans ceux d'Iglesias, Sarrabus et Cagliari (voir le tableau des permis).

COMBUSTIBLES MINÉRAUX

On n'a trouvé en Sardaigne, et on peut dire qu'on ne trouvera, que des *lignites*, des *anthracites* et un peu de *graphites*. Les *lignites* sont en assez grande quantité surtout dans le bassin de Gonnesa (district d'Iglesias). On a fait et on fait encore des tentatives pour exploiter ce combustible, malheureusement la consommation en est fort peu importante et beaucoup de mines qui sont dans le voisinage ne peuvent en profiter par suite de l'absence de route littorale.

Je crois que les propriétaires de ces mines feront bien de ne pas désespérer, car avant peu les besoins des exploitations seront tels que l'on sera trop heureux d'avoir sous la main cette ressource, quelle que soit son infériorité comparée à la houille. Le nombre des machines fixes augmente tous les jours et doit augmenter d'autant plus rapidement que les travaux de mines commencent à atteindre le fond des vallées, et que sur aucun point pour ainsi dire, l'eau ne peut donner la force motrice dont on a besoin. La fabrication de la chaux, des tuiles et des briques pourra aussi employer une forte

partie de ce charbon, et il serait à désirer que des entreprises de ce genre fussent mises à l'ordre du jour, car
pour avoir des briques et des tuiles de bonne qualité il
faut les tirer de Marseille.

Le lignite se trouve surtout dans deux bassins, l'un
au S. O. d'Iglesias (celui de Gonnesa), l'autre au S. E.,
mais qui a donné lieu à très peu de recherches. Le terrain
est attribué à la formation tertiaire inférieure (A. de Lamarmora). Du coté de Gonnesa le bassin peut avoir cinquante kilomètres carrés et est limité à l'Ouest par la mer,
à l'Est par les montagnes siluriennes de San Giovanni etc.
Il remonte vers le S. à Villamassargia (2.ème bassin) ou il
est beaucoup plus étendu. Des formations de ce genre se
trouvent aussi dans différentes localités entre autre au
Sulcis.

Autour de Gonnesa on rencontre quatre mines principales,
d'abord les concessions de *Terras de Collu* et *Bacu Abis*,
abandonnées pour le moment, puis les recherches de *Fontanamare* et *Terra Segada*; les seules, surtout la première,
qui donnent quelques produits à l'industrie, environ 1500
tonnes par an. En outre d'un certain nombre de couches
trop schisteuses ou trop faibles pour être exploitées, on en
a rencontrées, dont la puissance varie depuis $0^{m\cdot}$, 70 à plus
d'un mètre.

La qualité du charbon si elle n'est des meilleures,
est fort passable, il ne contient pas trop de pyrites, et n'a
en moyenne que 9 %, de cendres, il ne fait pas trop de scories
sur les grilles. Il forme quelquefois une espèce de coke peu
compacte, et son pouvoir calorifique pour les machines fixes
n'est pas tout à fait des $^{2}/_{3}$ de celui de la houille, autant
qu'on peut en juger actuellement. Il faudrait qu'on puisse
le livrer à bon marché et qu'il fut un peu mieux trié
pour pouvoir faire concurrence aux combustibles étrangers.

L'exploitation doit être faite par puits, et le toit sans être mauvais a besoin de boisage, ce qui obligerait à faire venir des pins de Toscane; mais la difficulté grave réside dans le climat, le terrain est bas, assez marécageux et en été les sardes seuls pourraient vivre dans cette localité. Ce qui manque en ce moment c'est la consommation et les capitaux suffisants pour entreprendre des puits sérieux, établir des machines d'épuisement, le charbon semblant exister en quantité très suffisante.

Le bassin est sillonné par les routes d'Iglesias à Gonnesa, de Gonnesa à Flumentepido; de Gonnesa à Fontanamare et de Gonnesa à Porto Scuso, il n'y a plus à désirer que la route littorale par le Salto de Gessa, de Gonnesa-Flumini Maggiore.

L'*Anthracite* se trouve à coté des villages de *Seui* et *Perdas* de *Fogu,* notre géologue attribuait les terrains ou sont ces gisements à la formation houillère, dont le charbon aurait été transformé en anthracite par l'apparition de masses porphyriques qui ont divisé ce bassin en petits îlots et on rendu parconséquent l'exploitation difficile; de plus la position est telle de ne pas permettre les transports aux lieux de consommation sans de grandes dépenses.

Le *graphite*; a été trouvé sur plusieurs points, particulièrement à *Armungia* (Sarrabus), ou l'on a fait quelques dépenses sans résultats, de même du coté de Teulada etc.

CONCLUSION

Jignore si cet énoncé, ou plutôt ce tableau abrégé de nos mines, correspondra au but que je m'étais proposé, c'est-à-dire de faire ressortir le rapide développement de notre industrie et les espérances que nous sommes en droit d'avoir; mais si je n'ai pas réussi, je renvoie aux statistiques, mon travail aurait pu et peut-être aurait dû se borner à cela, n'ayant pas l'habitude d'écrire. J'ajouterai en outre que la production en galène, carbonates de plomb et blende, prendra une extension qu'il est difficile d'évaluer, mais qui fera de ce pays un des principaux centres métallifères de l'Europe, sans compter en outre les calamines, les minerais de fer etc.

Je n'ai pas dissimulé les difficultés, j'ai trop eu à lutter avec elles pour cela, mais dans peu d'années nous serons dans des conditions analogues aux autres pays, si on en excepte notre position au milieu de la méditerranée, qui peut être considérée comme un avantage, notre climat et le peu de combustible que nous avons.

L'industrie des mines attirera des capitaux et par-conséquent notre agriculture en ressentira un grand avantage, car eux seuls nous manquent pour la cultivation des immenses terrains que nous possédons et que nous devons laisser se stériliser par force. Si *la Sardaigne* ne doit jamais sa prospérité à ses produits manufacturés au moins elle sera assez riche de ses produits naturels, tant du sol que du sous sol, sans oublier ses pêcheries de thon et de corail, et je crois que nous devons borner là notre ambition, pour le moment.

FIN.

TABLEAU de la production métallifère de l'Ile de Sardaigne (A)

N° d'Ordre	Mines		Qualité	1849	1850	1851	1852	1853	1854	1855	1856	1857	1858	PRODUCTION TOTALE		TENEUR MINIMUM		Observations
				Quintaux métriques	Quintaux métriques	Quintaux métriques	Quintaux métriques	Quintaux métriques	Quintaux métriques	Quintaux métriques	Quintaux métriques	Quintaux métriques	Quintaux métriques	TOTAL par qualité — Quintaux	TOTAL général — Quintaux	PLOMB et étain — Kil.	ARGENT — Gr.	
1	Montroni	Prov. d'Iglesias	1	»	3200,00 / 7400,00 / 904,95 / 301,50	3741,00 / 6900,00 / 101,00 / 294,50	4010,00 / 5756,00 / 2272,51	5804,00 / 3218,00 / 2107,00	4915,00 / 2800,00 / 6820,00	4475,00 / 3875,00 / 6311,84	8028,00 / 5935,00 / 10801,80	14490,00 / 8094,00 / 14980,47	19487,00 / 13041,00 / 24013,45	[illegible]	430205,00	80 / 58 / 70 / 64	[illegible]	Filons tauchés, calcaires siluriens.
2	Montevecchio	Id.	1	178,30										[illegible]	707,31,29			Minéral en colonnes. Qualité métamorfe. Filons fentes des schistes siluriens.
3	Rosas	Id.	1	»	656,00	2000,00								[illegible]	2050,00			Gangue quartzeuse.
4	Gibas	Prov. du Lanusei	1	»	— 468,46 / 463,82	1130,15 / 4191,84	48,24 / 1188,62	2982,00	3349,08					7074,91 / 2545,26	9010,17	70	[illegible]	Roch métamorfe avec geiser. Filons fentes, schistes anciens, gangue schistense.
5	Monte Narba	Id.	1	»	100,00	50,00	7,00							157,00	157,00			Gangue sulfate de Baryte.
6	Perdu Atte	Id.	1	»	50,00	20,00	31,05							104,65	104,65			Qualités pauvres en plomb. Filons fentes, schistes anciens, gangue schisteuse.
7	Gonnesa	Prov. d'Iglesias	1	»				5,00				»	300,00	305,00	305,00			Filons fentes, repère de Diorit ouverts, schistes anciens.
8	Tertenia	Prov. de Lanusei	1	»			1711,00	1338,28	1612,75	567,00				4882,03	4882,03			Lignite terrains tertiaires.
9	Baraschetta	Prov. d'Iglesias	1	»				454,00	65,00				219,00	2008,00			Pyrite de cuivre. Filons fentes, schistes cristallins anciens.
10	Gennamari	Id. / Schistes Id.	1	»		318,20	177,00	1014,00 / 28,17 / 164,78 / 125,13	770,00 / 680,00		714,28	1784,00 / 1917,05 / 164,78 / 125,13	2207,50	70	[illegible]	Gurite schisteuse à mole de Peigradou, calcaire bleu, Filons quartz. Qualités métliorges Filons fentes, espèces de Montevecchio, gangue quartzeuse.
11	Bidderaxius	Id.	1	»				511,00 / 150,00	957,32	412,00	680,00	2251,32 / 450,00	2114,32	70	[illegible]	Qufilel schisteux. Filons tauchés au contact des calcaires et des schistes. Gangue sulfate de Baryte et carbonate de chaux.
12	Montrecucc	Id.	1	»				16,00 / 10,00	27,00 / 42,00			43,00 / 82,00	125,00			Minerai disséminé dans les veinules brus.
13	Correboi	Prov. de Nuoro	1	»			660,70	4891,00	692,30	3349,00	2410,00	13032,00	13032,00	60 à 70	30	Qualité schisteuse, Rione fentes, schistes anciens cristallins, gangue, sulfate de Baryte et grande quantité de Quartz. Schistes, sulfure d'antimoine, dans les calcaires anciens. Sulfate d'antimoine, dans les schistes.
14	Surigui di Villasalto	Prov. de Cagliari	1	»			1013,30	657,00	254,00			1924,30	1924,30			Sulfate d'antimoine, dans les schistes.
15	Guscera	Prov. de Nuoro	1	»				434,50	540,00			974,50	974,50			Galène, filons fentes, schistes anciens cristallins, gangue sulfate de Baryte et calcaire.
16	Palmas	Prov. d'Iglesias	1	»				25,00 / 54,00	137,00			100,00 / 54,00	212,00			Calcaire avec geiser et sulfate de Baryte.
17	Bua de sa Dena	Id.	1	»				30,00 / 45,00				30,00 / 45,00	75,00			Calcaire avec geiser.
18	Hour	Id.	1	»				20,00				20,00	20,00			Id.
19	Punta Filixi	Id.	1	»				10,00				10,00	10,00			Id.
20	Baridoni	Id.	1	»				12,50				12,50	12,50			Pyrite de cuivre, schistes anciens.
21	Iglesias (dierre)		1	»				65,10 / 1200,00	»	10	65,10 / 1200,00	1265,10			Provenant des noirs de S.t Giorgio, S.t Giovanni et de la terre jaolia (propriété) de Monteponi. Calcaire jaune céytirea.
22	Fora	Prov. de Busa	1	»					180,00	290,28	475,28	475,28			Magnésie hydrosilate dans les roches terrains trachytiques.
23	Gennacasar	Prov. d'Iglesias	1	»					75,00	62,00	137,00	137,00			Galène, calcaire bleu, filons fentes.
24	Ingurtosu	Id.	1	»					100,00	907,03	1007,03	1007,03	70	30 à 40	Galène, filons fentes, apostose de Montevecchio.
25	Domus de Maria	Prov. de Cagliari	1	»						20,00	20,00	20,00			Fer oxidulé magnétique, schistes anciens (supposés siluriens).
26	San Giovanni	Prov. d'Iglesias	1	»			»			800,00	800,00	800,00	80 / 58	30	Tout et leurs qualités analogues à celles de Monteponi, système de Monteponi.
	Total de la Production jusqu'en 1858			178,30	14267,90	1976,79	16000,01	13195,11	20228,75	27931,25	34174,17	43014,47	68500,10	255547,21				

Neories

1	PROVINCE	Domus-Nuas	1	»	»	»	»	»	»	9185,57	»	1858 / 82180,00 / 89500,00					
2	et d'Iglesias	Villacidro	1	»	»	»	»	»	»	»	5510,41						
3		Villamassargia	1	»	»	»	»	»	»	»	»	11453,00 / 12,1300,00					Sur les métifères, sele exhaurant consulté feu du moyen dyc.
	TOTAL									»	9185,57	5510,41	7479,00	195,20,00				

TABLEAU de la production mètallifère de l'Ile de Sardaigne

N° d'ordre	Mines		Qualité	1849	1850	1851	1852	1853	1854	1855	1856	1857	1858	PRODUCTION TOTALE		TENEUR MAXIMUM		Observations
				Quintaux métriques	Quintaux métriques	Quintaux métriques	Quintaux métriques	Quintaux métriques	Quintaux métriques	Quintaux métriques	Quintaux métriques	Quintaux métriques	Quintaux métriques	TOTAL par qualité — Quintaux	TOTAL général — Quintaux	PLOMB et autres — Kil.	ARGENT — Gr.	
1	Monteponi	Prov. d'Iglesias		»	3500,00	3741,00	4040,00	5896,00	6015,00	4474,00	8028,00	14500,00	11487,00	60660,00	[illegible]	80	6	Filons couchés, calcaires siluriens.
2	Montevecchio	Id.		178,30	[illegible]	[illegible]	2272,44	2107,00	6829,00	6311,84	10801,80	14080,45	24664,45	70070,25	[illegible]	[illegible]	[illegible]	Qualité mélangée. Filons fentes des schistes siluriens.
3	Rosas	Id.		»	361,50	[illegible]	2000,00	»	»	»	»	»	»	2550,00	[illegible]	[illegible]	[illegible]	Bande mélangée avec galène. Filons fentes, schistes anciens, gangue schisteuse.
4	Gibas	Prov. de Lanusei		»	»	168,14	1150,15	48,21	2384,00	3319,08	»	»	»	7074,91	9519,17	70	20	Gneiss quartif mélangée. Filons fentes schistes siluriens.
5	Monte Narba	Id.		»	»	104,92	4101,82	1188,02	»	»	»	»	»	2565,26	457,00	[illegible]	[illegible]	Gangue sulfate de Baryte.
6	Perda Attu	Id.		»	»	100,00	50,00	7,66	»	»	»	»	»	157,66	403,67	[illegible]	[illegible]	Qualités pauvres en plomb. Filons fentes, schistes anciens, gangue schisteuse.
7	Gonnesa	Prov. d'Iglesias		»	»	30,00	30,00	35,05	5,00	»	»	»	»	105,05	305,00	[illegible]	[illegible]	Filons fentes, replire de flache quartzeux, schistes anciens.
8	Tertenia	Prov. de Lanusei		»	»	»	»	»	1394,00	1344,98	1614,75	657,00	»	4982,04	4882,04	[illegible]	[illegible]	Lignite terrulat tertiaires.
9	Baraxciutta	Prov. d'Iglesias		»	»	»	»	»	»	154,00	65,00	»	»	219,00	2000,00	[illegible]	[illegible]	Pyrite de cuivre. Filons fentes, schistes cristallisés anciens.
10	Gennamari	Id.		»	»	»	318,04	»	177,00	48,17	580,00	»	716,28	1947,00	2007,56	70	20	Galène analogue à celle de Polgreciaa, calcaire bleu, Filons couchés.
11	Brassaxius	Id. — Schlichs		»	»	»	»	»	»	161,78	957,32	213,00	680,00	2011,32 / 150,00	2413,42	70	[illegible]	Qualités mélangées Filons fentes système de Montevecchio, gangue quartzeuse.
12	Montecucco	Id.		»	»	»	»	»	»	16,00	27,00	»	»	44,00	125,00	[illegible]	[illegible]	Quantité mélangée. Filons couchés au contact des calcaires et des schistes. Gangue sulfate de Baryte et carbonate de chaux.
13	Correboi	Prov. de Nuoro		»	»	»	»	680,70	1091,00	698,30	8300,00	2410,00	»	13034,00	13034,00	60 à 70	30	Minerais d'arsénia's dans les calcaires bleus
14	Serbariu di Villasalto	Prov. de Cagliari		»	»	»	»	»	1015,30	»	627,00	254,00	»	1024,30	1024,30	[illegible]	[illegible]	Qualité mélangée, filons fentes, schistes anciens cristallisés, gangue, sulfate de Baryte et grande quantité de Baarloc. Schistes, sulfure d'antimoine, ainsi dans les calcaires anciens. Sulfure d'antimoine, dans les schistes.
15	Gonnera	Prov. de Nuoro		»	»	»	»	»	»	»	442,50	530,00	»	972,50	972,50	[illegible]	[illegible]	Galène, filons fentes, schistes anciens cristallisés, gangue sulfate de Baryte et calcaire.
16	Palmari	Prov. d'Iglesias		»	»	»	»	»	»	»	25,00	135,00	»	160,00	214,00	[illegible]	[illegible]	Calcaire avec galène et sulfate de Baryte.
17	Bias de sa Brida	Id.		»	»	»	»	»	»	»	52,00	»	»	52,00	75,00	[illegible]	[illegible]	Calcaire avec galène.
18	Brux	Id.		»	»	»	»	»	»	»	30,00	»	»	30,00	20,00	[illegible]	[illegible]	Id.
19	Punta Filixi	Id.		»	»	»	»	»	»	»	45,00	»	»	45,00	20,00	[illegible]	[illegible]	Id.
20	Baridoni	Id.		»	»	»	»	»	»	»	20,00	»	»	20,00	10,00	[illegible]	[illegible]	Id.
21	Iglesias divers			»	»	»	»	»	»	»	12,00	»	»	12,00	12,50	[illegible]	[illegible]	Pyrites de cuivre, schistes anciens.
22	Rosa	Prov. de Bosa		»	»	»	»	»	»	»	65,00	»	10	65,10	1265,10	[illegible]	[illegible]	Provenant des silers de S.t Georges, S.t Giovanni et de la 3.me qualité préparée) de Monteponi. Calcaires Jaunes siluriens.
23	Gennacabru	Prov. d'Iglesias		»	»	»	»	»	»	»	1290,00	180,00	260,88	1290,00 / 475,88	475,88	[illegible]	[illegible]	Manganèse (peroxyde) dans les conglomérats trachytiques.
24	Ingurtosu	Id.		»	»	»	»	»	»	»	»	75,00	62,00	137,90	137,00	[illegible]	[illegible]	Galène, calcaires bleus, filons couchés
25	Domus de Maria	Prov. de Cagliari		»	»	»	»	»	»	»	»	100,00	997,05	1097,05	1097,05	70	30 à 40	Galène, filons fentes, système de Montevecchio
26	San Giorgio	Prov. d'Iglesias		»	»	»	»	»	»	»	»	»	20,00	20,00	20,00	80	[illegible]	Fer oxidulé magnétique, schistes anciens (dépôts siluriens)
				»	»	»	»	»	»	»	»	»	800,00	800,00	800,00	58	35	1ère et 2ème qualités analogues à celles de Monteponi, système de Monteponi
	TOTAL de la Production jusqu'en **1858**		178,30	12697,35	13150,78	16063,44	12898,11	20238,76	27331,24	32174,17	43814,15	66300,10	244847,91					

Scories (d'Iglesias)

N°	PROVINCE d'Iglesias		Qualité	1849	1850	1851	1852	1853	1854	1855	1856	1857	1858					Observations
1		Domus-Novas		»	»	»	»	»	»	»	9185,57	»	62340,00 / 665.500,00					**1859** Scories anciennes, avec Baryte et Fluorine; peu de argent dep.
2		Villacidro		»	»	»	»	»	»	»	»	5516,44	»					
3		Villamassargies		»	»	»	»	»	»	»	»	»	11458,00 / 12-1300,000					
	TOTAL									»	9185,57	5516,44	79795,00	790,50,00				

TABLEAU de la production métallifère de l'Ile de Sardaigne (MINES DIVERSES) (C)

Num. d'Ordre	NOMS ET LOCALITÉS	1851	1852	1853	1854	1855	1856	1857	1858	1859	1860	1861	1862	1863	1864	1865	TENEUR par 100 K. MINERAIS	NATURE des minerais	Observations
		Quintaux métriques	Quintaux métriques	Quintaux métriques	Quintaux métriques	Quintaux métriques	Quintaux métriques	Quintaux métriques	Quintaux métriques	Quintaux métriques	Quintaux métriques	Quintaux métriques	Quintaux métriques	Quintaux métriques	Quintaux métriques	Quintaux métriques			
	Mines de Fer																*Fer*		
1	Saint Léon — Circondaire de Cagliari												15070	10320	42470	120650	64	Couches dans les schistes	Fer oolithe néphrélitique; cette année on expédiera […] un assez notre considéré.
	»													17700	12200	17470	80	»	
2	Miriagu — id.																	id.	Mine inexploitée. Fer oxidulé.
3	Pedra Stria — Circondaire d'Iglesias								20			750					64	id.	
4	Portu Pirastru ou Monte Lapanu — id.														1500			Couches	Voie de conversion, id
5	Pedra Negra — id.												800					id.	Fer oxidulé. Concession.
6	Enna, Murtas — id.											540						id.	Fer oxidulé. Concession.
	Mines de Cuivre																		
1	Talentino — Circondaire de Lanusei					1304	1738.28	1612.03	567									Filon lente	D'après le métal de cuivre de laché 6%
2	Barisonis — Id. d'Iglesias							12.50										id.	Travaux suspendus, il y avait une fonderie.
	Mines de Calamine plombeuse																*Zinc — Plomb*		
1	Malfidano — Circondaire d'Iglesias																47 — 1 à 4 / 17,7 — 72	Contact Couches	Cette année on travaillera […]. Cette mine est en voie de conversion.
	Mines de Blendes et Galènes																		
1	Argentiera de la Nurra — Circ.on de Sassari													2188.80	20783.16		40 — 15	Filon lente	Blende pure, et blende contenant 6% de plomb, au-delà de 5 à 130 grammes argent par 100 blende.
2	Sa Lilla — Id. de Cagliari													2007	13380		34 — 20	id.	Blende et galène, argentifère.
3	Scelu Scargiu — Id.														10000		31 — 22	id.	Blende, galène, pyrites de cuivre.
4	Sos Enattos — Id. de Nuoro														700			id.	Galène et blende, argentifère.
5	Partexi — Id. de Cagliari														10000		43 — 44	id.	Blende et galène, argentifère.
6	Rosas — Id. d'Iglesias	650	2000															id.	Blende et galène, mine abandonnée. Concession.
	Mines d'Antimoine																		
1	Segnorio de Villasalto						1043.50	657	254									id.	Mine abandonnée.
	Mines de Manganèse																		
1	Nura — Circondaire d'Oristano						180	286.28										Fissures dans les trachytes	Mine abandonnée.
2	Ile de Saint Pierre																	»	Quelques essais dans […] l'importance.
	Bassins de lignites de Gonnesa																		
1	Fontanamare																		Cette production est à peu près pour tout le bassin, et à été consommée dans les environs.
2	Terras de Collu								300					15000	15000			Couche dans le tertiaire	
3	Terras-Varri																		NB. Cette statistique […]

USINES	PRODUCTION EN PLOMB D'ŒUVRE								TENEUR EN ARGENT P. 100K PLOMB						
	1860	1861	1862	1863	1er SEMESTRE 1864	EXERCICE 1864-1865	EXERCICE 1865-1866	1860	1861	1862	1863	1er SEMESTRE 1864	EXERCICE 1864-1865	EXERCICE 1865-1866
	Quintaux métriques	Quintaux métriques	Quintaux métriques	Quintaux métriques	Quintaux métriques	Quintaux métriques	Quintaux métriques	Gram.	Gram.	Gram.	Gram.	Gram.	Gram.	Gram.
Domusnovas	073	8950	8000	11734	6894	8146	8501 90	87	75	60	64	62	70	65
Flumini Maggiori	»	2501	4200	1002 70	1822	940	4035 05	»	40	40	48	50	50	47
Villacidro	113 207	2400	2331 45	2873 53	168	»	»	»	»	70	»	»	»	»
Buonaria	»	»	»	1939 52	»	3319	»	»	»	»	43	56	»	»
Masua	»	»	»	6000	2000	9000	9333 68	»	»	»	1176	100-110	106-110	110
Totaux	787 207	19018	15131 35	21019 75	18949	22314	18871 23							

OBSERVATIONS

- Domusnovas : On traite principalement des scories anciennes et quelque peu de minerais de 3.e qualité à la teneur de 10 ½ de plomb et 12 gram. d'argent, quantité 170000 par an.
- Flumini Maggiori : On traite les scories anciennes.
- Villacidro : On traitait les scories laissées par Mandel.
- Buonaria : Pendant son du 17 février 1864 au 15 Mai 1865, cet établissement traita des minerais divers et aussi des scories.
- Masua : On traite les minerais pauvres de la mine, la dernière année 46340, teneur grammes 47, et 15 ½ plomb.

TABLEAU statistique relatif aux Salines maritimes de l'Ile de Sardaigne (E)

ANNÉES	NOMS des SALINES	SUPERFICIE		Machines	PRODUITS OBTENUS				PRIX DE VENTE		QUANTITÉS EXPORTÉES		OUVRIERS EMPLOYÉS					OBSERVATIONS
		Productive Totale	Non productive en réparation		SEL COMMUN		PRODUITS DIVERS		SEL COMMUN				ÉPOQUES des TRAVAUX	QUALITÉ	Nombre	SALAIRE moyen	TOTAL des salaires	
		Hectares	Hectares		Qualité	Quantité (Quint. métr.)	Qualité	Quantité (Quint. métr.)	Italie (Francs)	Étranger (Francs)	Italie (Quint. métr.)	Étranger (Quint. métr.)				(Francs)		
1850	CAGLIARI	167	130	Deux machines à vapeur, force de 12 chevaux chaque.	Sel en grains	1,258,750	[illegible]	[illegible]	1,80	0,50	[illegible]	490,000	Pendant toute l'année	Surveillants et employés, Gardiens et Paysans	13 / 200	4,25 / 1,05	121,725	1. Le prix s'entend du sel rendu dont les négociants du gouvernement dans les ports d'Italie.
					Sel moulu	15,000							Pendant la récolte du	Surveillants, Gros bloc, Gardiens et Paysans	14 / 534 / 172	4,25 / 4,50 / 1,05		2. Prix du sel pris à bord dans le golfe de Cagliari.
	CARLOFORTE	51	19	Deux tympans mus par des chevaux	Sel en grains	71,000	[illegible]	[illegible]	1,80	0,50	[illegible]	[illegible]	Pendant toute l'année	Surveillants et Saliniers, Passeurs, Enfants	2 / 3 / 5	4,00 / 1,25 / 0,50	8,500	3. La récolte se fait dans les salines de Cagliari du 20 Juillet au 15 octobre.
													Pendant la récolte du	Surveillance, Passeurs, Enfants	1 / 50 / 15	4,00 / 2,00 / 1,00		4. La récolte se fait dans les salines de Carloforte du 15 août au 15 octobre.
1851	CAGLIARI	167	130	[illegible]	Sel en grains	1,158,750	[illegible]	[illegible]	1,80	0,50	[illegible]	[illegible]	Pendant l'année	[illegible]	[illegible]	[illegible]	121,725	5. Les renseignements sur l'exportation...
					Sel moulu	15,000							[illegible]	[illegible]	[illegible]	[illegible]		N.B. Le sel se vend dans l'Ile de Sardaigne à les salines les prix suivants.
	CARLOFORTE	51	[illegible]	Deux tympans mus par des chevaux	Sel en grains	64,000	[illegible]	[illegible]	1,80	0,50	[illegible]	[illegible]	Pendant toute l'année	[illegible]	[illegible]	[illegible]	7,500	
1852	CAGLIARI	167	130	Deux machines à vapeur, force de 12 chevaux chaque.	Sel en grains	20,000	Sel de potasse	[illegible]	1,80	0,50	[illegible]	[illegible]	[illegible]	[illegible]	[illegible]	[illegible]	[illegible]	
					Sel moulu	15,000							[illegible]	[illegible]	[illegible]	[illegible]		
	CARLOFORTE	51	19	Deux tympans mus par des chevaux	Sel en grains	70,000	[illegible]	[illegible]	1,80	0,50	[illegible]	[illegible]	[illegible]	[illegible]	[illegible]	[illegible]	7,500	
1853	CAGLIARI	167	130	Deux machines à vapeur, force de 12 chevaux chaque.	Sel en grains	1,156,750	Sel de potasse	[illegible]	1,40	0,75	570,000	[illegible]	[illegible]	[illegible]	[illegible]	[illegible]	120,000	
					Sel moulu	9,181							[illegible]	[illegible]	[illegible]	[illegible]		
	CARLOFORTE	51	19	Deux tympans mus par des chevaux	Sel en grains	72,000	[illegible]	[illegible]	1,80	0,80	[illegible]	[illegible]	[illegible]	[illegible]	[illegible]	[illegible]	7,500	
1854	CAGLIARI	167	130	Deux machines à vapeur, force de 12 chevaux chaque.	Sel en grains	1,119,000	Sel de potasse	45,000	1,80	0,80	[illegible]	[illegible]	[illegible]	[illegible]	[illegible]	[illegible]	120,000	
					Sel moulu	9,931	Sel de pompe	18,513					[illegible]	[illegible]	[illegible]	[illegible]		
	CARLOFORTE	51	19	Deux tympans mus par des chevaux	Sel en grains	66,000	[illegible]	[illegible]	1,80	0,80	[illegible]	[illegible]	[illegible]	[illegible]	[illegible]	[illegible]	7,500	
1855	CAGLIARI	167	134	Deux machines à vapeur, force de 12 chevaux chaque.	Sel en grains	1,503,843	Sel de pompe	[illegible]	1,80	0,80	640,000	112,333	[illegible]	[illegible]	[illegible]	[illegible]	122,775	
					Sel moulu	14,942							[illegible]	[illegible]	[illegible]	[illegible]		
	CARLOFORTE	51	19	Deux tympans mus par des chevaux	Sel en grains	98,000	[illegible]	[illegible]	[illegible]	[illegible]	1,100	[illegible]	[illegible]	[illegible]	[illegible]	[illegible]	8,000	
						2,691,750		100,000				[illegible]						

Prix des transports des Minerais et Plombs, rendus à bord des navires aux ports d'embarquement. Campagne 1865–1866 (MF)

GROUPES	MINES ET USINES	PORTS ET PLAGES	PORTS D'EMBARQUEMENT	PRIX PAR TONNE			DISTANCE KILOMÉTRIQUE		ÉTAT DE LA ROUTE	Observations
				PAR TERRE	PAR MER	TOTAL	PAR TERRE	PAR MER		
Iglesias	Montepani	Fontanamare	Carloforte	5, 80	6, 00	11, 80	15, 00	20, 00	Carrossable	Transports à l'entreprise.
	San Giovanni (Gonnesa)	Portoscuso	id.	12, 50	3, 00	15, 50	20, 00	9, 00	id.	id. id. prix faits 17f, 78
	Montepani	id.	id.	12, 50	3, 00	15, 50	20, 00	9, 00	id.	id. id. id. id.
	Gonnesa (Lavrerie)	id.	id.	10, 00	3, 00	13, 00	15, 00	9, 00	id.	id. id. id. id.
	San Giovanni (Gonnesa)	Fontanamare	id.	6, 00	4, 00	10, 00	10, 00	20, 00	id.	id. libre.
	Gonnesa (Lavrerie)	id.	id.	4, 00	4, 00	8, 00	8, 00	20, 00	id.	id. id.
	Masua	Masua	id.	1, 00	4, 50	5, 50	2, 00	24, 00	Charretière	id. à l'entreprise.
	Nebida	Fontanamare	id.	5, 00	0, 00	5, 00	6, 00	»	Carrossable	id. faits par la mine.
	Canale Grande	Canale grande	id.	2, 00	4, 50	6, 50	1, 90	25, 00	Charretière	id. à l'entreprise.
	Arqueresa	Domestica	id.	5, 50	5, 00	10, 50	6, 00	28, 00	id.	id. id.
	Flumini Maggiore (Fonderie)	San Nicolò	id.	7, 25	6, 00	13, 25	10, 00	33, 00	id.	id. id.
	Gennamari	Piscinas	id.	10, 00	7, 00	17, 00	15, 00	50, 00	id. mauvais	id. libres.
	Ingurtosu	id.	id.	10, 00	7, 00	17, 00	12, 00	50, 00	id.	id. id.
Cagliari	Montevecchia	Cagliari	Cagliari	55 à 56	1, 00	56, 00	61, 00	00	Carrossable	id. à l'entreprise.
	Saint Léon	Maddalena	Maddalena, en rade	2, 00	1, 00	3, 00	17, 00	1, 40	Chemin de fer	id. faits par la compagnie.
	Bunnus novas (Fosogno)	Cagliari	Cagliari	9, 00	1, 00	10, 00	44, 00	00	Carrossable	id. libres.
	Villacidro (Fonderie)	id.	id.	12, 00	1, 00	13, 00	45, 00	00	id.	id. id.
Serrabus	Spiluncargiu	Murtas	En rade	19, 00	2, 00	21, 00	24, 00	00	id.	id. à l'entreprise.
	Sa Lilla	id.	id.	24, 00	2, 00	26, 00	24, 00	00	Mixte	id. id.
	Monte Narba	id.	id.	7, 00	2, 00	9, 00	»	00	Charretière	id. libres.
Lula	Argentiera	Orosei	En rade	23, 00	1, 00	24, 00	40, 00	00	id.	id. id.
	Gosarra	id.	id.	24, 00	1, 00	25, 00	42, 00	00	id.	id. id.
	Sos Enattas	id.	id.	23, 00	1, 00	24, 00	37, 00	00	id.	id. id.
Nurra	Argentiera	Argentiera	Porto Conti	1, 00	0, 00	10, 00	1, 00	24, 00	id.	id. à l'entreprise.

NOMS DES MINES	N.° d'Ordre	COMMUNE	CIRCONDARIO	NOMS DES SOCIÉTÉS	NATURE DES MINERAIS	N.°	Observations
MINES CONCÉDÉES							
...BBRAS	1	Villaputzu	CAGLIARI	Union	Minerai de Plomb	1	Travaux suspendus.
...RDARRA	2	Sou Vito	Id.	Id.	id.	2	Id.
...DDU ATZU	3	Id.	Id.	Id.	id.	3	Id.
...NTEPONI	4	Iglesias	IGLESIAS	Société Molinari	id.	4	En activité
...NTEVECCHIO	5	Guspini	Id.	Société A. Sanna	id.	5	Id.
...ERTOSU	6	Arbus	Id.	Société Civile des mines du ...	id.	6	Id.
...ENNAMARI	7	Id.	Id.	Id. id.	id.	7	Id.
...IGRAMUS	8	Domus novas	Id.	F. Ferro	id.	8	Travaux suspendus
MASUA	9	Iglesias	Id.	Société Monte Santo	id.	9	En activité
...ERIDA	10	Id.	Id.	P. Christin	id.	10	Id.
...ONTE CENIUS	11	Santadi	Id.	F. Calvi	id.	11	Id.
...ARASCHETTA	12	Domus novas	Id.	Société Monte Santo	id.	12	Travaux suspendus
...ORNO BUE	13	Villagrande	LANUSEI	Société Bous	id.	13	Id.
...GGENTILGIA	14	Lula	NUORO	Société E. Thomas	id.	14	En activité
...OS ENATTOS	15	Id.	Id.	Société Paganelli	id.	15	Id.
...ONTE OE	16	Iglesias	IGLESIAS	P. Christin	id.	16	Id.
...ONTE OSINEDDU	17	Id.	Id.	Id.	id.	17	Id.
...ONTE UDA	18	Id.	Id.	Id.	id.	18	Id.
					Total des mines de plomb	18	*Dont 6 en non activité*
...AINT LÉON	19	Gonnemini	CAGLIARI	Société Pétin Gaudet	Fer oxidulé	1	En activité
...T MONAGU	20	Id.	Id.	Id.	id.	2	Id.
...ERRA STERRIA	21	Domus de Maria	IGLESIAS	Id.	id.	3	Travaux suspendus
...ERDA NIEDDA	22	Domus novas	Id.	Id.	id.	4	Id.
...NA MURTAS	23	Iglesias	Id.	F. Calvi	Fer oligiste	5	Id.
					Total des mines de fer	5	*Dont 3 en non activité*
...ALENTINO	24	Tertenia	LANUSEI	F. Bonino	Minerai de cuivre	1	Travaux suspendus
...ERRAS DE COLLU	25	Lanusei	IGLESIAS	Tirso Vorsi	Lignite	1	Travaux suspendus
...AGE ARIS	26	Id.	Id.	Tirsi Pu	id.	2	Id.
Total des mines concédées	26				*Total des mines de lignite*	2	*Travaux suspendus*
MINES EN VOIE DE CONCESSION							
...NALE GRANDE	1	Iglesias	IGLESIAS	F. Dumont	Minerai de plomb	1	En activité
...ARULAZZU	2	Arbus	Id.	Société Civile des mines de etc.	id.	2	Id.
...NTI CIRCUS o ACQUARESA	3	Iglesias	Id.	Gonnesa Mining Company	id.	3	Id.
...NTE ZIPPIRI	4	Villamar	Id.	Id.	id.	4	Id.
...N GIOVANNI	5	Iglesias	Id.	Id.	id.	5	Id.
...OZZI URA ET SI ERGIOLU	6	Lula	NUORO	Pigural	id.	6	Id.
					Total des mines de plomb	6	*Toutes en activité*
...NTE LAPANU o PORTU PIRASTU	7	Tentada	IGLESIAS	F. Ferro	Fer oxidulé	1	Travaux suspendus
...NTANA PERDA	8	Iglesias	Id.	Marcianti	Fer hydraté	2	Id.
					Total des mines de fer	2	*Travaux suspendus*
...ALFIDANO	9	Flumini Maggiori	IGLESIAS	Société Heyquem	Calamine et Carbonate de plomb	1	En activité
...GENTIERA	10	Sassari	SASSARI	Société Vellens	Blende et Galène	1	Id.
...LMLA	11	Arzachena	CAGLIARI	id.	id.	2	Id.
...ARBEDUS	12	San Vito	Id.	Société Merabach	id.	3	Id.
...PILLONGARGIU	13	Id.	Id.	Société Vellens	Blende Galène et pyrite de cuivre	4	Id.
					Total des mines de blende	4	*Toutes en activité*
...NTAXAMARE	14	Gonnesa	IGLESIAS	Nobilioni	Lignite	1	En activité
Total des mines en voie de concession	14						
TOTAL GÉNÉRAL	40						

www.ingramcontent.com/pod-product-compliance
Ingram Content Group UK Ltd.
Pitfield, Milton Keynes, MK11 3LW, UK
UKHW022350090726
13658UKWH00002B/568